浙江科普

浙江省科协重点科普项目专项资助

青少年南海知识读本

走进南海

王小波 编著

浙江出版联合集团
浙江教育出版社·杭州

目录 Contents

第一章 迷人的南海

第二章 悠久的历史

第三章
珍贵的资源

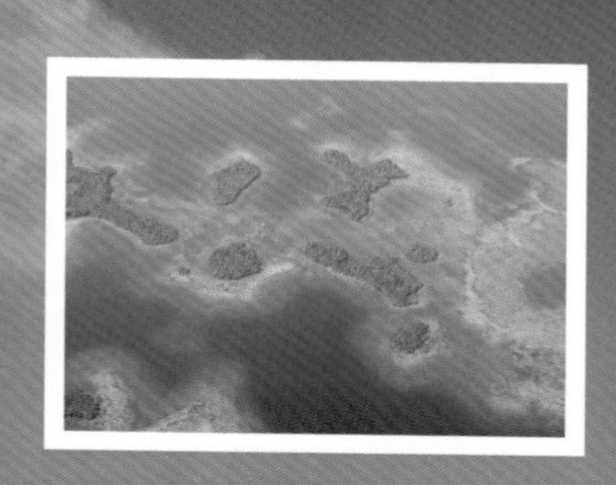

第四章
我们的足迹

第五章
中国的三沙

南海是中国近海中面积最大、水最深的海区，位于西太平洋的西端，临近中国大陆东南部。作为西太平洋的边缘海之一，南海的地形自岸向海盆中心呈阶梯状下降，是纵跨热带与副热带、热带海洋性气候的海域。南海海域各类资源丰富，被誉为“中国魅力海”之一。

第一章 迷人的南海

南海就像一只巨人的脚印，深深地踩进亚洲大陆东南面的海洋中。

【中国南海在哪儿】

我国大陆的东南方，是一片广阔浩瀚的海洋，这片海域叫作“南海”。在地理上，南海是我国三大边缘海之一。

南海是中国近海中面积最大、水最深的海区。位于西太平洋的西端，临近中国大陆东南方，是纵跨热带与副热带、热带海洋性气候的海域。北靠中国华南大陆，东邻菲律宾群岛，南界加里曼丹岛和苏门答腊岛，西接马来半岛和中南半岛。东北部经台湾海峡与东海相通，东北经巴士海峡与太平洋相连，东南部经民都洛海峡、巴拉巴克海峡与苏禄海相通。南部经卡里马塔海峡、加斯帕海峡与爪哇海相邻，西南经马六甲海峡与印度洋相接。面积约350万平方千米，平均深度约1212米，最大深度为5377米。北部湾和泰国湾为南海西部的大型海湾。注入南海的主要河流有珠江、韩江以及红河、湄公河和湄南河等。

——《中国大百科全书》2009年3月第1版16卷388页“南海”词条

据历史文献记载，“南海”海名最早出现于周宣王（公元前827年至公元前782年在位）时的《诗经》卷七之《江汉》诗中。诗中记载，周宣王命令其肱股重臣召虎努力、妥善地经略南方直至南海边的疆土。当时的“南海”，应包括今天的南海及其毗连的岭南陆地。可见，至迟周宣王

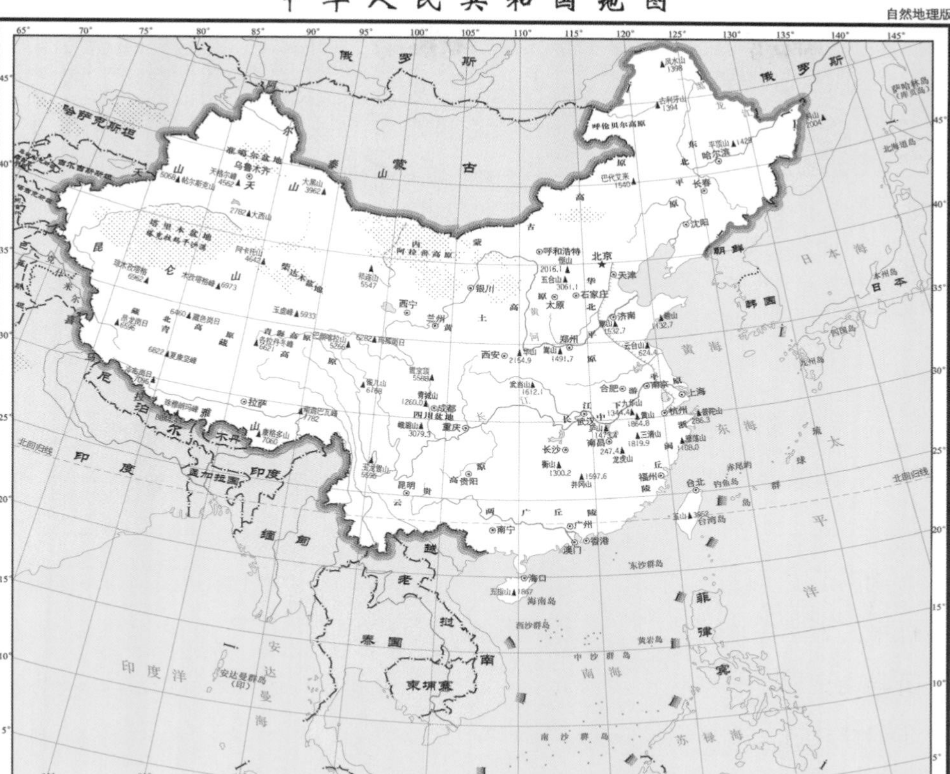

图1—1 中华人民共和国地图，3500万自然地理版（地图来源：国家测绘地理信息局官网 http://www.sbsm.gov.cn）

时已有“南海”的海名了。

在广阔的南海海域，岛、洲、礁、滩星罗棋布，有东沙、西沙、中沙和南沙四大群岛，以及其他一些零星岛屿，统称为“南海诸岛”。南海诸岛资源丰富，地理位置重要，在交通、国防和海洋经济的发展上意义重大。

【 千姿百态的造礁珊瑚 】

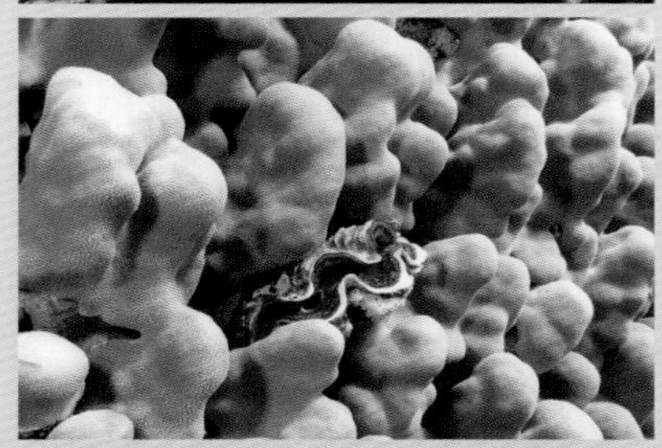

图1—2 迷人的造礁珊瑚

当你坐海轮乘风破浪地航行在辽阔的南海上时，在波涛汹涌的海洋中，不时会发现一个个风光绮丽的珊瑚礁小岛。它们出露在海面上，那白玉般的沙滩在阳光照射下，光亮耀眼；那巨大的珊瑚礁和各式各样的珊瑚，让初到这里的人感到新奇。

这些美丽的珊瑚岛群低平而多沙，但并不单调，而是有着丰富的、绮丽的外貌。这与岛屿的营造者——珊瑚虫的成长密切相关。珊瑚的种属很多，形态各异，在一起构成一幅幅绚丽的海中美景，令人赞叹不已。如果潜入水中观察，就可以看到色彩鲜艳的珊瑚了。

人们常以为珊瑚的形状都是像树枝那样的，其实这只是常见的一种，称为“鹿角珊瑚”。古书中的“珊瑚树”多数就是指这一类。此外，花朵般的珊瑚也不少，这类珊瑚常常是由叶片状群体组合而成的。按照叶片组成的式样，就形成了各式各样的石花。例如，叶片环绕同一个中心交错斜叠，形成了玫瑰花模样的，称为“玫瑰珊瑚”；叶片结构呈牡丹花模样的，

图1—3 千姿百态的造礁珊瑚令人着迷

称为“牡丹珊瑚”；叶片呈球状，密密地组成菜花模样的，称为“菜花珊瑚”；叶片呈莲叶状，枝体下面还有粗短叶柄支持着的，称为“莲花珊瑚”；等等。

真正能形成巨大礁块的石珊瑚，以块状或球状的种类为主。我们沿着珊瑚岛海岸行走，常常会在海滨看到一群群像巨大礁石般的珊瑚块，这称为“滨珊瑚”，海南岛渔民称它为“石乸”(乸nǎ，是雌性的意思)。在巨大礁块周围，还有“菊花珊瑚”，渔民们称之为“石公”。石公的腔膈呈放射状，很像一朵朵菊花。还有多孔如蜂巢状的“蜂巢珊瑚”，凹纹如脑纹状的“脑纹珊瑚”等。这些块状礁体因为轻，而且易于加工，所以被渔民们统称为“松石”。

此外，还有一些单体珊瑚，例如菌状的石芝，又名“菌状珊瑚”，它的幼体像一丛蘑菇，生长在岩石或其他珊瑚的枝体上，长成之后，柄体脱落，才一块块地平铺在滩面上。它们那洁白身体的边缘，有时还镶着一圈粉红色的条带。

礁墩(孤立生长的小块珊瑚礁体,礁体中间比四周要高,珊瑚生长也较好)所在的地方,珊瑚绚丽迷人。如果我们潜水到那里,会看到白玉般的礁块间,点缀着青绿色和淡黄色的鹿角珊瑚;在礁块间的空隙里,静静地躲着一小丛紫色或玫瑰色的玫瑰珊瑚。

千姿百态的造礁珊瑚令人着迷!

【珊瑚虫建造的美丽岛屿】

海洋中的岛屿众多,按成因分,共有三种。第一种叫“大陆岛”,我国的台湾岛和海南岛就属于这一类型。第二种叫“珊瑚岛”,第三种叫“火山岛”。珊瑚岛和火山岛都发育在海洋里,与陆地没有任何联系,因此,又被人们统称为“海洋岛”。

我国的南海诸岛属于海洋岛。除了西沙群岛的高尖石是一个由火山熔岩构成的火山岛之外,其余的岛屿都是珊瑚岛。

美丽的珊瑚岛是谁“建造”的呢?一般来说,珊瑚岛的形成必须具备两个条件:一是要有生活在海中的珊瑚虫;二是这些细小的动物要有一个适宜的居住地,比如距离海面一定深度的石质海底或海底高地,以便其不断地生长繁殖。

南海是一个热带海洋,有最适宜珊瑚虫繁殖生长的自然环境。同时,南海的海底地形复杂,有隆起于海底的高地,也有许多未露出水面的火山锥,这些都是最适合珊瑚生长的场所。

珊瑚虫是低等动物中的腔肠动物,它的体形像只袋子,食物的消化是在“袋子”中进行的。成群的小珊瑚虫,生活在非常洁净的海底沙石上，从海水中猎取食物，汲取营养，不断地生长繁殖，并从体内分泌出一种石灰质，形成它的石灰质骨骼，这就是通常所称的珊瑚。

图1—4 火山岛

生长在热带浅水区的石珊瑚，不停地向海面和四周生长。珊瑚虫死亡后，留下的石灰质骨骼，加上泥沙和其他海洋生物（如贝壳）的积聚，长期堆积在海底，形成了一片石质平原似的礁盘。巨大的珊瑚礁块会固结形成“珊瑚石灰岩”，新的珊瑚又在它的上面生长。这样，经过几百年、几千年，甚至更长时间，这些珊瑚礁就可以由浅水区生长到海平面附近，低潮时还会露出海平面。

通常，珊瑚的生长量较大。有一种鹿角珊瑚，雨后春笋般生长，每年可达30厘米。菊花珊瑚和滨珊瑚生长较慢，但每年也可以生长1厘米。因此，即使海盆缓慢下沉，珊瑚礁仍能不断向海面生长。

生长到海面附近的珊瑚，会因地壳上升而形成珊瑚岛。在波浪的冲击下，大量珊瑚碎屑、沙泥和其他海岸生物的介壳就会堆积到礁盘上，并被波浪运送到中心部位，形成沙洲和沙岛。这就好像从海底站起来的珊瑚礁巨人头上所戴的帽子，被称为“沙帽”。

【丰富多样的岛礁类型】

南海的珊瑚礁按照不同的位置，可分为六大类型，即暗滩、暗沙、暗礁、沙洲、沙岛和岩岛。

暗滩，简称“滩”，是指海底突起的珊瑚礁滩地，位于水面以下较深的地方。表面起伏和缓，滩外四坡陡峭，水深骤增。滩面有礁墩向上隆起，比如南沙群岛的人骏滩，滩面平均水深为27米，但滩上个别礁墩可以上升到距离海平面5.5米处，直接影响船只航行。

暗沙，是比较浅的珊瑚礁滩，一般指由暗滩上生长起来的大片珊瑚礁体，其上披覆珊瑚沙层，使礁块露出的不多，也可以说它是水下的珊瑚沙洲。由于暗沙位于海平面以下不太深的地方，又有礁墩发育其上，对船只航行极为不利。比如中沙群岛的暗沙大多在海平面下13～23米处，最浅的礁墩水深只有9米。

暗礁，简称“礁”，是生长到海面附近的礁体，我国渔民称为“铲”，比如南沙群岛中的司令礁又称为“眼镜铲”。退潮时多数礁顶可露出水面，礁面距海平面一般不超过7米，直接影响船只航行。礁盘常由被台风翻起的巨大珊瑚礁块堆积，高潮时也会露出海面。因此，有些礁也被称为“岛”。

图1—5 暗滩

沙洲，简称“洲”，是已经露出海面的陆地，它是由松散的珊瑚沙、贝壳碎屑等堆积在礁盘上形成的，一般涨潮时不被淹没，但是在台风、大潮时往往会淹没。它的面积较小，外形也不稳定，比如西沙群岛中的南沙洲，其外形受季风影响而变化不定。沙洲由于经常受到潮水的冲刷，植物稀少。

图1—6 暗沙

图1—7 暗礁

沙岛，渔民称之为“峙”（海南方言，意为“屿”）。随着礁盘上的珊瑚碎屑、贝壳碎屑的大量堆积，沙洲日益扩大和加高，就发展成了沙岛。我国南海诸岛中的岛屿绝大多数为沙岛，比如永兴岛、太平岛等。沙岛形成的历史较久，形态不易受台风吹袭而变形。沙岛地势较高，即使遇到台风大潮也不致被淹没。沙岛面积较大，积贮雨水较多，植物已能生长，故有的沙岛又有“树岛”、“绿岛”的美称。

图1—8 沙洲

图1—9 沙岛

岩岛，是指由固结成岩的珊瑚沙层和珊瑚石灰岩所构成的岛屿，如西沙群岛的石岛，就是一个典型的岩岛。石岛高达15.9米，是南海诸岛中最高的一个，这显然是近期地壳抬升运动的结果。人们在石岛上

图1-10 岩岛

10米多高处采下来的珊瑚砂岩标本，经过同位素碳14的测定，确定是大约10400年前沉积的。这就是说，一万多年来石岛上升了10米多。

【美丽独特的海洋国土——环礁】

在广阔的南海中，礁、沙洲、沙岛多呈一群群分布，组成一个个大大小小的环礁，海南岛渔民称为“筐”，古代称为“石塘”。

环礁就是指珊瑚礁在大海中围成一圈，形成一个环状。环中围成的湖，叫“潟湖”。我国渔民很早就发现了环礁这种神奇的自然景观，形象地称之为“石塘”，即石头围起来的池塘。环礁之神奇，在于它特别像人类的杰作，而不像是自然所为。那么是什么力量造就了这种奇观?

最早给出答案的，是进化论的创立者达尔文。他认为：环礁的出现，是因为地壳或海平面的升降造成的。环礁的生长首先要有一个依托，一般是一座露出水面的海底火山或其他山体。珊瑚开始围绕着山体的四周生长，并开始形成礁石，这圈礁石好像是给大海中的山丘戴上了一个项圈。

图1—11 环礁群

一旦海底开始沉降或者海平面上升，珊瑚“项圈”就会向上生长。有时，珊瑚围绕的山丘完全沉入海中，或者海平面上升完全淹没山丘，珊瑚“项圈”却仍然向上生长，露出水面，这就形成了环礁。如此看来，美丽的环礁，是在巨人肩膀上生长的。

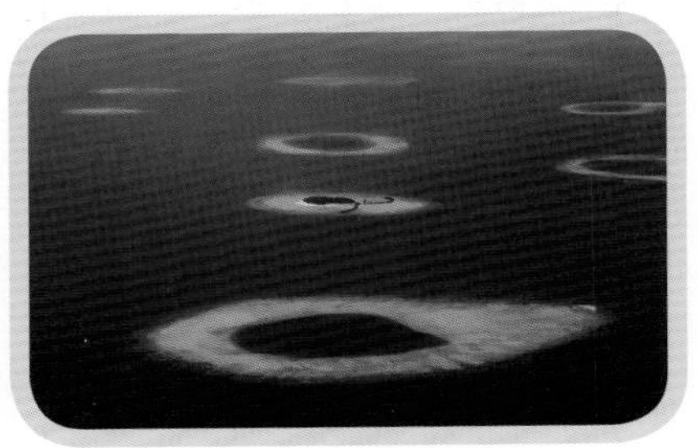

图1—12 环礁群

环礁真正呈圆形的很少，多是圈状的礁体，比如南沙群岛的郑和群礁就是呈东北—西南向延长的。它是由一些沙岛、沙洲、礁组成的一个环礁，其中包括太平岛、鸿庥岛、舶兰礁、安达礁等，包绕着一个潟湖。在南海的环礁中，还有由成串的小环礁组成的大环礁。例如，由羚羊礁、金银岛等小环礁，组成了永乐群岛大环礁，称为“环礁链”。

仅仅戴上了个“项圈”还不算美，环礁的美更在于海浪和海水的变幻。

环礁围成的圈不是黑乎乎的礁石圈，而是一个“雪崩冰溅”的浪花圈，也称“浪花带”。因为环礁面对大海的那一面，水体交换快，营养物质丰富，珊瑚生长迅速，礁石也就生长得快，总是竖起高出海面的礁墙，企图阻挡海水和海流。大海掀起白花花的巨浪砸下去，冲击不已，围绕着环礁的外侧就形成了浪花带。

浪花带内是潟湖，这是由沉下去的山丘留下的空间造成的。因为湖水浅，又生长着藻类，使得湖水与外面的海水差异很大。外面海水深蓝，里面湖水翠绿、浅绿、嫩黄不一而足，这就造成了环礁的色彩之美。

到过南海的人们认为，环礁是极美的地貌景观之一，完全可以和溶洞的钟乳石、冰川的冰塔林、沙漠的金字塔形沙丘、巍峨的雪山冰峰相媲美。

【真正的海洋岛】

七连屿，是西沙群岛中7个连在一起的小岛群。说是七个小岛，其实是七个露出水面的沙洲。沙洲上全是被风浪打碎了又堆积起来的珊瑚和贝壳的残骸，远远望去，白沙如雪。这种岛，研究珊瑚礁的专家称其为“灰沙岛”，古人则称为“千里长沙”。

碧海蓝天七姊妹，这是从空中鸟瞰到的七连屿全景。这七个连在一起的小岛或沙洲，坐落在一个巨大的环礁上，有的上面已经披上了绿色的植被，有的还是裸露的沙洲，但它们无一例外地美如仙境。

西沙洲，是七连屿的一部分。外围的环礁包围着一个翡翠般的潟湖，潟湖中有一个银白色的小岛，犹如翡翠盘里一银螺。很难想象，西沙洲的这种景观是由一种小小的珊瑚虫建造而成的，倒更像是珠宝大师精心雕琢的杰作。

图1—13 七连屿

我国的岛屿大多数是大陆岛。灰沙岛则与众不同，是海洋岛，它由海洋生物珊瑚虫的骨骼以及其他海洋生物的残骸堆积而成，也称“珊瑚岛”。灰沙岛在高潮时也能露出水面，而其他珊瑚礁在高潮时则被淹没在水下。因此，灰沙岛不需要人工填高就能供人类生存，在珊瑚群岛中具有较高的价值。

海岸砾岩是热带海岸特有的地貌现象，但在南海诸岛中发育得特别好。例如在太平岛的西侧，海岸砾岩几乎占据整个海滩。这种海岸砾岩能抵抗大浪冲击，使沙岛不致发生巨大的变形。这样，由波浪和强风送上来的沙子，不断堆积，有入无出，沙洲就扩大和加高了。

强风、巨浪不断把沙子送上沙洲，一般先在沿岸堆积，使沙岛四周堆成一条堤状高地。因为它都是由松散的沙子堆成，所以称为“沙堤”，窄的约40米，宽的达80米以上。沙堤和岛屿中部低地没有明显界线，即使在岛上长住的人们，不仔细观察也不易发现沙岛四周被一道沙堤包围着。沙堤高出平地2米至6米不等。比如永兴岛西南面的沙堤高约8米，而中部平地的高度只有2米多。

沙岛的中部是一片低平的沙地，有利于湖沼的生成。有些岛屿甚至还有沼泽或湖泊留存，例如琛航岛上至今还有未干涸的沼泽。

【位置最北、岛礁最少的东沙群岛】

东沙群岛是南海诸岛中最北和最小的群岛。发育在水深约300米的东沙台阶上，由东沙礁、南卫滩和北卫滩组成。东沙礁西侧有两缺口，形成南、北水道，其间有东沙岛。

——《中国大百科全书》2009年3月第1版16卷391页“南海诸岛”词条

东沙岛古称“南澳气”，又名“大东沙”。东沙岛是东沙群岛中唯一露出水面的岛屿，岛的西部原有两条沙堤伸出，包围着一个小海湾，使岛呈新月状，渔民称之为“月牙岛”。小海湾被填平后，全岛面积增加，东沙岛是南海诸岛中的大岛之一。

图1－14 美丽的海岛风光

在东沙岛的东侧有一个“つ”形的暗礁，叫“东沙礁”，与东沙岛同在一个礁盘上。东沙的礁盘是一个马蹄状的环礁，形如弯月与东沙岛相对。环礁中间是一个直径11～12海里的潟湖，最大水深约18米，可以停泊舰船，是优良的避风港。

南卫滩和北卫滩隐伏于水中。南卫滩面积较小，北卫滩的面积比南卫滩大些。

东沙岛及其附近的沙丘上，植物丛生，野草遍布，抗风桐、椰子树、仙人掌、野菠萝等处处可见。东沙岛还有一个奇特之处，就是海人草生长得十分茂盛，是北半球著名的海人草产地，不仅质量好，产量亦高。海人草是热带性较强的多年生藻类，藻体丛生，是制造驱蛔虫药的主要原料，经济价值甚高。

东沙群岛附近海域的渔业资源非常丰富，是我国良好的热带海洋渔场之一。岛上有清代渔民建造的渔村和庙宇，如清初建造的“大王庙”，毁后重建为“天后宫”。

2007年，东沙环礁国家公园成立，主要目的是生态保护。

【 东七西八、陆地面积最大的西沙群岛 】

西沙群岛是南海诸岛中岛屿最多的群岛。坐落在水深900～1000米的西沙台阶上，由10座大、中、小环礁和台礁组成，其中4座环礁和1座台礁，其上发育有岛屿和沙洲。西沙群岛共有22岛、7沙洲、5礁、6滩等，可分为东群宣德群岛和西群永乐群岛。

——《中国大百科全书》2009年3月第1版16卷391页“南海诸岛”词条

西沙群岛，主要分为两群：东面的一群叫宣德群岛，主要由永兴岛、石岛、七连屿、赵述岛等组成；西面的一群叫永乐群岛，主要由永乐环礁、北礁、华光礁、金银岛、甘泉岛等岛礁组成，渔民常用“东七西八十五岛”来称谓西沙群岛。

在宣德群岛中，西沙洲、赵述岛、北岛、中岛、南岛、北沙洲、中沙洲和南沙洲，发育在同一个广大的弧形礁盘上。礁盘分东、西两块，其间有一条水道，叫“石牌海门”。永兴岛和石岛则发育在南部弧形礁盘上。

宣德群岛中的石岛，除个别地方生长着抗风桐和草海桐外，岩石裸露，“石岛”由此得名，是南海诸岛中最高的岛屿。

高尖石由火山熔岩构成，是西沙群岛中唯一的火山岛。岛高约5米，呈三级塔形，远望似船，渔民称之为“石船”或“双帆”。特大高潮时，仅第三级顶面3～4平方米露出水面，是宣德群岛中最小的岛屿。

永兴岛上林木茂盛，原称“林岛”,是西沙群岛也是南海诸岛中最大的岛屿，面积约2.8平方千米。永兴岛动植物种类繁多，占西沙群岛野生动植物总数的89%。现在，永兴岛是海南省三沙市人民政府所在地。

图1-15 西沙风光

永乐群岛在永兴岛的西南面，相距约40海里。主要岛礁有：金银岛、甘泉岛、珊瑚岛、晋卿岛、琛航岛、广金岛、中建岛、北礁、森屏滩（滩上有两个小沙洲，俗称“银屿”和“鸭公屿”）。

永乐群岛中的甘泉岛、珊瑚岛、森屏滩、晋卿岛、琛航岛和广金岛，均在同一个巨大的弧形礁盘上，又名“新月群岛”。

宣德群岛和永乐群岛相距不远，一东一西，遥相辉映。我国渔民来这里作业时，常先到宣德群岛，后到永乐群岛。

【 位置居中、隐伏水中的中沙群岛 】

中沙群岛包括海盆西侧的中沙大环礁，北侧的神狐暗沙和一统暗沙及深海盆上的宪法暗沙、中南暗沙等。发育在中沙台阶上的中沙大环礁全为海水所淹，由26个水深9～26米的暗沙和暗滩组成，东以51°～58°的陡坡降至水深4000米的南海深海盆；西以2500米的西沙东海槽与西沙台阶相隔。此外，在中沙群岛以东还有露出海面的环礁——黄岩岛。

——《中国大百科全书》2009年3月第1版16卷391页“南海诸岛”词条

图1–16 尚未露出海面的暗沙、暗礁、暗滩断续相连，古称“红毛浅”

中沙群岛实际上是一个巨大的环礁。中沙环礁呈椭圆形，长轴由东北向西南延伸。环礁的边缘暗沙突起，形成一串断续相连的暗沙群。中沙环礁周浅中深，中部水深约70米，边缘水深为13～15米。所以，中沙群岛的大部分是一个潜伏水中、还未露出海面的环礁。

在中沙环礁的中部，礁墩发育，较长大的暗沙多分布在环礁的四周，比如北缘的比微暗沙、美滨暗沙，西缘的华夏暗沙，南缘的波洑暗沙和东缘的武勇暗沙等。浅湖中发育的礁墩不呈长条状，多零星分布，面积也较小。

极目远眺，一座小小的、黝黑的礁石出现在远方的海面上，这就是中沙群岛东端唯一露出海面的岛礁——黄岩岛。黄岩岛也是一个环礁，但其特殊之处在于：它有几块礁石露出海面。黄岩岛从约4000米深的海盆底部一直伸到海面附近，是近似等腰三角形的大环礁，长、宽均约15千米。环礁潟湖内水色翠绿，水深9～11米。在环礁北侧有宽约360米的缺口和南海相通，小船可驶入避风。

图1—17 珊瑚礁生物群

中沙环礁是各种珊瑚繁生的场所，如突起的堤状暗沙，就是由巨大的珊瑚礁构成的。大块的滨珊瑚、脑珊瑚是主要造礁种属，滩面上还有各种鹿角珊瑚、玫瑰珊瑚、石芝和各种海葵、海胆、海星等，构成了旺盛的珊瑚礁生物群落。它们使中沙群岛附近海域成为良好的渔场，是我国渔民传统的捕捞基地。

隐伏水中的中沙环礁，由于珊瑚生长旺盛，只要地壳不再下沉，或海面不较快地上升，在数千年后，有些暗沙就可能伸到海面附近，成为沙洲或岛屿。

【远处南疆，分布海域最广阔的南沙群岛】

南沙群岛是南海诸岛中范围最广，暗礁、暗沙和暗滩最多的群岛。大部分坐落在水深1800～2000米的南沙台阶上，拥有暗沙和暗滩50多座，暗礁100多座，还有主要的珊瑚岛11座和沙洲6座。

——《中国大百科全书》2009年3月第1版16卷391页“南海诸岛”词条

南沙群岛的岛、洲、礁、沙、滩的分布，是与这一海区的海底地形特征密切相关的。在南沙群岛海域有两条海底峡谷，一条位于南华礁北侧，近东西向；一条在西月岛东侧，呈南北走向。这两条海底峡谷大致呈“丁”字形相交，把海底高地分成三部分，即西北部、东北部和南部，因而南沙群岛也相应地分成三个部分。

南沙群岛的西北部，是南沙群岛中群礁最集中、岛屿和沙洲最多的部分，岛屿和沙洲大多同时出现在同一群礁中。 南沙群岛的东北部，岛屿和暗礁、暗沙分布较少。而南沙群岛的南部，岛、洲、礁、沙、滩数量虽然较多，但分布较散，绝大多数潜伏在水下。

郑和群礁中的太平岛，俗称“黄山马峙”，是南沙群岛最大的岛屿。

岛呈棱形，面积约0.43平方千米，平均高出海面3米多。岛上森林遍布，林木高大。太平岛向来是我国渔民的活动基地，岛上有他们建造的房屋、水井、庙宇，以及开垦的田地和种植的果树等。

南沙群岛的主要岛礁还有：北子岛、北外沙洲和南子岛、中业群礁的中业岛、双黄沙洲、南钥岛、敦谦沙洲和鸿庥岛、景宏岛、西月岛、马欢岛、南威岛、曾母暗沙等。

【 曾母暗沙 】

几乎每个中国人从小学开始，都知道曾母暗沙，但很少有人去过。曾母暗沙是一片水下的珊瑚礁。

曾母暗沙位于中国领土最南端。曾名“曾姆滩”，俗称“沙排”。位于南海东南部，南沙群岛南端。由珊瑚礁组成，形如纺锤，近南北走向，礁面崎岖不平。面积2.12平方千米。最浅处水深17.5米。

——《中国大百科全书》2009年3月第1版27卷549页“曾母暗沙”词条

曾母暗沙坐落在南海南部大陆架上，暗沙礁体只是附近大陆架上的礁丘群中较大的礁体。据观察，岛礁水深25米以内，活珊瑚生长较好，滨珊瑚、蜂巢珊瑚、厚丛珊瑚和蔷薇珊瑚等较普遍，此前曾鉴定出21属34种珊瑚。

我国海洋科学家在曾母暗沙的礁丘顶部采集了珊瑚标本，测验表明：它们在30年内生长了近16厘米。假如海平面和地壳稳定，再过3000多年，曾母暗沙就会生长到接近海平面的位置。在风暴和海浪的作用下，破碎的珊瑚以及其他海洋生物的碎屑就会堆积起来，假以时日，一个“曾母暗沙岛”也许就会出现。

【 三沙之美在海水 】

有人说，南海是中国最美的海。为什么这么说呢？因为南海诸岛都是地处热带、以环礁为主的珊瑚群岛。海水之美、珊瑚礁生态之美、海洋生物之美、气候之美等，无不兼备，令人叹为观止。

南海之美在三沙，三沙之美在海水。科学评价海水的美，主要依据两个指标：一是海水的透明度，二是海水的水色。

透明度说的是海水的清澈度。渤海、黄海、东海的海水比较浑浊，即使在夏季，海水透明度也不超过10米。而三沙附近的海域，海水全年的透明度都高于20米。在南沙，一些地方的海水透明度能达到40多米，中国海水透明度的极值（47米）也在这里。中沙群岛淹没在水下20米至30米处，由于海水透明度高，可以看到水下礁坪的珊瑚五彩斑斓，鱼群在其中穿梭巡游。古代的渔民只要一个猛子扎进水里，就可以把水下的海珍品捞上来。

图1–18 三沙之美在海水

更为重要的是，如果海水透明度不够，珊瑚就无法生长。因为珊瑚只能生长在被阳光穿透、透明度高的海水里。没有了珊瑚，还有三沙吗？

判断海水之美的另一项因素是海水的颜色，即水色。三沙海水是如此地清澈幽蓝，以致整个海面看起来，就像一块巨大的深蓝色的绸缎在飘动。置身在这浓浓的蓝色中间，陶醉之感油然而生。

三沙所在的海域，其水色之美无可比拟。单是蓝色就变幻无穷：宝石蓝、天蓝、浅蓝、深蓝，因为随着海水深浅和阳光入射角度的变化，海水的颜色也会跟着变化。海水有时还会呈绿色：苹果绿、葱绿、祖母绿；有时呈黄色：鹅黄、橘黄、沙黄、芒果黄……见惯了浑浊的海水，再去看三沙的海水，一定会被其折服。

就透明度和水色而言，三沙市好像一座透明的城市，一座建造在琉璃上的城市，一座放在蓝丝绒上的翡翠般的城市，一座浪花上的城市。

三沙之美，美在海水。科学评价海水的美，主要依据两个指标：一是海水的透明度，二是海水的水色。

图1-19 海水的水色与透明度

【珊瑚礁上的城市：三沙市】

珊瑚的残骸和遗体，堆积出三沙市的绝大部分陆地。珊瑚，这种极度绚烂的物种其实很娇气，它们必须生活在具有合适的温度、盐度、透明度的热带海水里。符合所有条件的南海，是培育它们的温床。珊瑚也以自己的躯壳，堆积出这种特殊而广袤的陆地，回赠南海。

三沙的珊瑚礁地貌景观具有唯一性，这当然不是说中国只有三沙市有珊瑚礁地貌，而是她的地貌景观全由珊瑚礁构成。因此说，三沙市是我国唯一全是珊瑚礁景观的城市。

图1—20 “海底热带雨林”

全是珊瑚礁，并不意味着单调，因为珊瑚礁形成的景观足够丰富多彩。潜入晶莹剔透的海水中，我们将进入一个平生难得见到的神秘空间。一丛丛、一簇簇的珊瑚像盛开的鲜花覆盖着整个海底：有的金黄，有的雪白，有的鲜红，很是惹人喜爱。那造型奇特、陡峭壮观的珊瑚礁林，诉说着千万年的风光。

茫茫的大海上，突然出现一个由礁石围起的环状区域。在环礁外围，海浪不断冲击环状的礁石，翻卷起层层浪花，形成了一条浪花带；在环礁内部，是一个波澜不惊、静谧安详的潟湖，真是奇妙无比的珊瑚礁景观。

潟湖最神奇的是颜色——令人心醉的碧绿色，好像一块通透的翡翠。几乎每一个环礁的潟湖都呈翡翠般的颜色，与浪花带外的深蓝色大海，构成强烈对比。而大自然还在翡翠般的潟湖和深蓝色的大海之间，镶嵌了一圈银色的花边，人称“浪花带”。这就是大自然的

图1—21 各种类型的海岛

艺术品——环礁，它是地球上最壮观、最精致的多重同心环状景观。

不管是西沙、中沙，还是南沙，每当艳阳高照，风平浪静，乘着小船在珊瑚丛上面缓缓滑行，犹如在一片美丽的丛林中漫游，那密密麻麻的“鹿角”、“牛角”、“羊角”几乎探出水面，触手可及。还有散落在“丛林”中的“翡翠”、“玛瑙”，形态各异；时隐时现的“鲜花”，橙黄蓝白红，煞是可爱，美不胜收。不时还可见五彩缤纷的鱼儿在珊瑚间穿梭漫游，构成一幅幅奇异的海底风景画。

有人把它称为“海底热带雨林”，有人把它称为“水下梦幻世界”，也有人说它是“生物起源的摇篮”。不管叫它什么，珊瑚礁，以其无可争议的多重价值和作用，受到了无数人的喜爱，承载了无数的美誉。

大自然是神奇的，但最美好的东西往往需要我们去探索才能发现。

【西沙、南沙群岛入选中国最美的十大海岛】

我国海岛众多，种类齐全，千姿百态，景色秀丽，令人沉醉其中，流连忘返。那么，哪些岛属于最美海岛呢?

2005年，《中国国家地理》杂志开展了“中国最美的十大海岛”评选活动，评选标准如下：

中国最美的十大海岛评选标准

岛屿周围海水洁净，岛上山石形胜具有突出的美感	35分
丰富或独特的生物资源	20分
岛上自然环境保护良好，与人文景观保持着和谐统一的状态	20分
有独特或稀罕的地质地貌景观，具有地质科学价值	15分
在标志国家领土上具有重要意义	10分

图1—22 美丽的西沙

经国内诸多知名海洋专家评选，中国最美海岛排行榜单出炉：

TOP10
2005

中国最美海岛排行榜

1.永兴岛东岛等为代表的西沙群岛（海南）；

2.涠洲岛（广西北海）；

3.以永暑礁太平岛等为代表的南沙群岛（海南）；

4.以澎湖岛为代表的澎湖列岛（台湾）；

5.南麂岛（浙江温州）；

6.庙岛列岛（山东长岛）；

7.普陀山岛（浙江舟山）；

8.大嵛山岛（福建福鼎）；

9.林进屿、南碇岛（福建漳州）；

10.海陵岛（广东阳江）。

在中国最美的十大海岛中，西沙群岛以86.2分位居榜首，南沙群岛以82分名列第三。南海诸岛的美丽名副其实！

当然，生态的三沙才是美丽的家园。我们不会忘记，三沙市成立伊始的第一个项目、第一号文件，都与生态有关：植树造林、增殖放流、海岛修复、太阳能供电、海水淡化。

三沙设市不久后，着手启动了岛礁绿化建设工程，在赵述岛、晋卿岛、鸭公岛、银屿等小岛试种植物，多次反复，最后才选定种植步麻树，逐步在小岛推广。三沙始终把保护生态环境放在优先位置，每个三沙人都无时无刻不在用心呵护这片纯净的海洋天堂。一个人与自然和谐相处的美丽三沙，正从梦想走向现实。

第二章 悠久的历史

在浩瀚的南海上，200多个形态各异的岛、礁、滩、沙星罗棋布，像一颗颗闪光的珍珠、翡翠，点缀在万顷碧波之中。

【南海诸岛万年风云】

在浩瀚的南海上，200多个形态各异的岛、礁、滩、沙星罗棋布，像一颗颗闪光的珍珠、翡翠，点缀在万顷碧波之中。这就是中国人最早发现、最早开发、最早施行管辖和行使主权的南海诸岛。

在南海，流传着这样一首民歌："在那很久很久以前，南海上来了一位美丽的天仙，从胸前摘下几串珍珠，撒在万顷碧波之间，一串是东沙，一串是西沙，一串是中沙，一串是南沙，兄弟姐妹，宝岛同根相连。"这些岛群按照其分布的地理位置，被分别命名为东沙群岛、西沙群岛、中沙群岛和南沙群岛，中国人习惯上统称为"南海诸岛"。

南海诸岛为什么会分为四大群岛?要回答这个问题，还得从南海海盆的地形特点说起。

南海海盆本来是一个断陷盆地，在它的中部有一条东北–西南走向的断裂带。在漫长的地质历史时期，这条断裂带不断向东、西两边扩展，这样就形成了一个宽达700多千米的深海盆地。在海盆扩张的过程中，还残留下一些陆块的碎片，这些碎片有的成为海底高地，有的又下陷形成了海槽。不少海底火山喷发出大量的熔岩，也形成大面积的海底高地，使平坦的海底变得崎岖。所有这些高地和隆起区，都是南海的珊瑚岛礁发育的良好基地。

目前，在南海海盆上，已经形成了一排排东北–西南走向的以隆起高

图2-1 断陷盆地

地、深槽相间排列的地形。在上述隆起带上，隆起得最高的地方，水深最浅，太阳光可以照射到海底，成为珊瑚虫生长繁殖的良好地带。在这里，珊瑚虫生长、死亡、胶结而形成巨大的珊瑚礁体。这个过程不断地持续下来，经过千万年，珊瑚礁在隆起的地方形成浅滩、暗礁，甚至成为小岛。

事情似乎就是这样简单：在东沙—西沙隆起带上，形成了东沙群岛和西沙群岛；在中沙隆起带上，形成了中沙群岛；在南沙隆起带上，形成了南沙群岛。黄岩岛有点特别，它发育在南沙隆起带向东北方向延伸的隆起带上，但它在地理属性上属于中沙群岛。

这些群岛之间，被海槽或海盆隔开。南沙群岛与中沙、西沙群岛之间，就是南海中央深海盆，最深处超过5000米；中沙群岛与西沙群岛之间是一条深达3000米的海槽；而在南沙群岛和加里曼丹岛之间，也有一条深达2000米以上的海槽。

【地名讲述着南海诸岛属于中国的故事】

据古籍记载，远在秦汉时代，我国已经有了大规模的远洋航海通商和渔业生产活动，南海已成为当时重要的海上航路。中国人频繁航行于南海之上，穿越南海诸岛，最早发现了这些岛、礁、滩、沙，并予以命名。

图2—2 郑和

研究南海诸岛地名的华南师范大学刘南威教授，在1982年撰写的《南海诸岛古地名》一文中指出：我国人民在晋以前很久的“昔时”，就已用“珊瑚洲”来泛指南海诸岛，这是世界上对南海诸岛最早的科学命名，至今已有1700多年。

明代的《混一疆理历代国都之图》和《郑和航海图》，是我国现存最早绘有南海诸岛的古地图，两图中地名不尽相同，表示的内容也有差异，但两图均把南海诸岛分为三大部分，把它们联系起来，已包括四大群岛。

在古地名中，对南海诸岛的称谓有近30个。在土地名中，海南岛渔民给南海诸岛的命名多达136处。古地名和土地名的记载，除证明中国人民最早给南海诸岛命名外，还反映了中国人民给南海诸岛的命名是最全面、最具体和数量最多的。

海南岛渔民给南海诸岛的命名，叫作“南海诸岛琼人俗名”，具有命名具体、位置确定、形象生动等特点。渔民们最常用的方法是以岛礁的形状来命名。有些地名，一看就可知道它表示的岛礁形状，比如把南沙群岛的司令礁称为“目镜铲”，把安达礁称为“银饼”，把仙宾礁称为“鱼鳞”。有些地名则来自于海产、传说、颜色等，比如南沙的赤瓜礁，因产赤瓜（赤参）而得名。

图2—3 西沙风光

渔民们如果没有在这些珊瑚礁中劳作过，是不可能取出这么多有着很深文化色彩的名字的，即使取了名，也不会流传至今。这些质朴形象的俗名，从地名学的角度证明了南海诸岛自古以来就是中国的领土。

1983年，中国地名委员会公布《我国南海诸岛部分标准地名》，共计287个。这次公布的标准地名，最大特点是把渔民习用地名与政府公布的地名融合在一起。地名表中287个标准地名，附有125个渔民习用地名，加以对照。

透过这一个个穿越历史的古地名，我们仿佛看到一幅幅中国人民经营和开发南海诸岛的画面，他们熟悉各岛礁的地理特点，用勇敢和智慧与海浪共舞。

【南海诸岛地名趣谈】

南海诸岛各岛、礁、滩、沙从无名到有名，经历了相当漫长的岁月。中国人民在长期的航海和生产实践中，最早发现并命名南海诸岛。这些岛、礁、滩、沙的名称意味深长，寓意丰富。

这些岛礁有的以中国历史名人的名字命名，如“鲁班暗沙”、“屈原礁”、“东坡礁”、“孔明礁”、“义净礁”、“法显暗沙”、“康泰滩”、“朱应滩”、“道明群礁”、“杨信沙洲”等，这些地名凸显了中国人敬仰前辈先贤的情怀。

为纪念明代郑和及随他下西洋的官员而命名的岛礁在南海俯拾即是，如“永乐群岛”、“宣德群岛”、“郑和群礁”、“景宏岛”、“尹庆群礁”、“费信岛”、“马欢岛”、“赵述岛”、“巩珍礁”等。看到这些地名，后人会不禁想起郑和船队七下“西洋”航经南海时的壮观情景。

有的岛礁名称是为了纪念近现代为捍卫祖国南海诸岛做出突出贡

图2—4 西沙风光

献的英雄。1909年，两广总督张人骏派水师提督李准率170余人，分乘“伏波”、“广金”、“琛航”3艘军舰巡视西沙群岛，据此命名的有“人骏滩”、“李准滩”、“琛航岛”、“广金岛”、“伏波礁”等。

还有许多岛、礁、滩、沙的命名也有非常深刻的含义。有以中国古代郡名命名的，比如“吉阳礁”、“华阳礁”；有以中国地名命名的，比如“海口暗沙”、“榆亚暗沙”、“南海礁”、“海宁礁”、“海安礁”、“潭门礁”、“石塘暗沙”、“粤南暗沙”；有以自然地理形状命名的，比如“双黄沙洲”、“高尖石”、“簸箕礁”；有以中国民间风俗和传说命名的，如“福禄寺礁”、“忠孝滩”、“仁爱礁”、“礼乐滩”、“华夏暗沙”、“八仙暗沙”、“神仙暗沙”。

这些名称，不仅说明中国古代航海事业高超的技术水平，更证明了南海诸岛历来就是中国的神圣领土。

【海南岛与南海诸岛的传说】

相传很久以前，东海边上住着两兄弟，哥哥阿电和弟弟阿雷。兄弟俩都是著名的大力士，阿电能挑起两座小山，阿雷可以拔起大树。但这两兄弟有力却无处使。他们想去种田，地主占着土地；想去打猎，寨主占着山头；想去捕鱼，渔霸占着大海。

他们从东海跑到了南海，不愿再跑了，就在南海边上住了下来。

一天，阿电对阿雷说："雷弟，天底下都没有我们的幸福，不如我们到天上去吧，听说那里的生活很好。"阿雷说："电哥，谁不晓得天上好，但没有天梯怎么上去呢？"阿电说："我们有的是力气，可以挑土垒起一座高山，从山顶爬上去！"阿雷听了摇头说："垒这座高山比登天还难呀！"不管阿电怎么劝说，阿雷就是不肯去。

后来，阿电只好独自一人挑土堆山去了。整整干了九千九百九十九天，堆起的土有九千九百九十九丈高，都快到天边了，阿电累得直不起腰。他拖着疲劳不堪的身体，艰难地爬上了顶峰。他举起双手，踮着脚尖，想向南天门跃去。差一点手就碰着天门了，可是他已经没有力气跳跃了。他伸着脖子望呀望，突然有一股气流涌来，把他整个身躯一托，就托进了南天门。

上天以后，阿电的生活可好啦，喝的是琼浆玉液，使的是金碗银盏，穿的是绫罗绸缎。但他常常想念还在人间的弟弟阿雷。特别是在刮风下

雨的时候，他想到阿雷在人间衣不蔽体的样子，就伸出长长的手臂要去拉他上天。所以在雷雨天，我们常常看到一道道电光伸向地面，这是阿电在拉阿雷呢!

可是玉皇大帝嫌阿雷太懒，不想让他上天过好生活，于是就派大力神把阿电垒起的那座登天山劈成了两半，一半连着大陆，这就是现在的雷州半岛，阿雷住在这里。登天山的上半截被大力神丢在海上，成了现在的海南岛，岛上的五指山，就是大力神的指印。

还有那些劈碎的大大小小的土块,飞到海里，成了大大小小的岛屿，这就是今天的南海诸岛。

【 沉七洲的传说 】

很久很久以前，西沙、南沙群岛一带原是一大块漫无边际的大陆，这块大陆名叫“七洲”，上面有逶迤绵亘的山脉，也有奔腾咆哮的江河。但是，后来这块大陆沉没了。

远古时代，有个水神名叫“共工”，是个喜怒无常又横行霸道的凶神。作恶多端的水神与幸灾乐祸的妖婆娘风氏，调集了世界上的飓风、海潮、洪水，向着七洲袭来。顷刻间，七洲发生了大洪水，到处波浪滔滔。狂风推动海潮，把整个七洲淹没了，给人类造成无穷的灾难。

这事震动了天宫。玉皇的后代鲧见到人类无辜遭此荼毒，十分不忍。他就命令神龟帮忙。神龟悄悄地爬到玉皇的宫殿里，偷来了“宝壤”。鲧趁着八月十五日天门大开的日子，命令神龟把“宝壤”驮到人间。果然，神龟把“宝壤”驮到七洲后，这块“宝壤”不断伸展扩大，洪水、海潮被赶退了，七洲陆地又露出了海面，大水灾后幸存的人类得救了。

不久，玉皇发现“宝壤”丢了，就把鲧抓到案前问罪。玉皇说鲧同情人类是不肖子孙，下令把鲧杀了，并命大力神把这块“宝壤”收了回来。大力神把“宝壤”收回后，七洲大陆再次沉没，这里又变成了汪洋大海。

虽然，“宝壤”被收回去了，但神龟热爱七洲洋，不愿回天宫，就留了下来。直到现在，西沙、南沙群岛一带还有许多大海龟呢。

鲧有一个儿子名叫“禹”，也是一位仁慈善良的天神，他决心继承父亲的遗愿，下凡根治水灾，为百姓兴利除害。于是，禹悄悄打开南天门，降落到了凡间。禹用宝锹撬开大地，形成了大江大河，滔滔的洪水沿着江河奔腾入海，这样便战胜了洪水，降服了水神“共工”。

禹的妻子名叫“涂山女”，原来是一位仙女。她听说七洲沉没了，生灵被毁灭了，为了纪念南海一带曾经存在过七洲这块大陆，就想给后人留下一些蛛丝马迹。于是，她把脖子上的两串明珠取下，左手撒了一把，右手撒了一把。左手撒的一把近些，变成了西沙群岛；右手力气大些，撒得远些，变成了南沙群岛。

现在，渔民们把西沙、南沙海域称为“七洲洋”。这些岛屿，至今还像明珠一样洁白晶莹、映日生辉。

图2—5 西沙风光

【《涨海图》的传说】

汉朝元封年间，皇帝为了标明我国海疆的四至，便命水兵总兵的儿子黄贵前往探查。黄贵带领数十人，驾驶着一艘大帆船，从崖县的三亚港扬帆出海，一直向南航行。经过了几天几夜的航行，在圆峙（今甘泉岛）靠了岸。

图2—6 鲤鱼

在这里，黄贵钓到了一条金色大鲤鱼。这条大鲤鱼竟垂泪开口说了话。它说自己是南海龙王的三公主，请求黄贵把自己放回大海，它永远不忘大恩。黄贵立刻把大鲤鱼抱起来，放回南海之中。大鲤鱼在大帆船周围游了几圈，然后恋恋不舍地游向大海的深处。

黄贵在西沙群岛逗留了很长时间，绘制了不少珊瑚礁的方位、面积，标明了高度。西沙群岛的海图绘制完毕后，大帆船又继续向南航行了一个月，驶进了南沙群岛附近的海域。鸟仔峙（今南威岛）的海图绘制完毕，他们又继续寻找别的岛屿。

就在这天下午，天空突然乌云密布，电闪雷鸣，紧接着狂风大作，大雨倾盆。狂风卷着巨浪向大帆船袭来，大帆船撞到一块巨大的礁石上，很快沉到海底。黄贵落水时，紧紧抱住一个密封的大竹筒，里面装着几个月来用心血绘制的《涨海图》，在狂风怒涛中挣扎着。不久，他就昏迷了。

当黄贵苏醒过来的时候，他已经躺在金碧辉煌的南海龙宫软绵绵的床上了，床前还坐着一位身穿锦袍、眉清目秀的妙龄少女。这位姑娘就是南海龙王的三公主，她在海上发现黄贵遇难，立刻把他抬回，救活了黄贵。三公主见黄贵一表人才，并有前恩，便产生了爱慕之情，决心以身相许。

这时，黄贵发现《涨海图》丢失了，急得大声喊叫起来。三公主微笑着命令虾兵蟹将前去寻找，很快把《涨海图》找回来了。黄贵一看，果然是自己亲手绘制的原图，心里非常高兴。黄贵就把南沙群岛尚未绘完的海图展开，继续一笔一画地绘制起来。三公主深受感动，取来了丹青，在一旁帮着黄贵绘制。龙女对南沙群岛了如指掌，帮他把黄山马峙（今太平岛）、罗孔（今马欢岛）、铁峙（今中业岛）都画在了准确的方位上。

南沙群岛的海图绘制完成了，黄贵想到自己还未能把《涨海图》献给大汉皇帝，再次婉言谢绝了三公主的情意。他穿上了三公主赠送的一双“避水靴”，手里紧攥《涨海图》，不久便回到了海南岛的三亚港。后来，黄贵把《涨海图》带回朝廷献给皇帝，终于实现了心愿！

【西沙寻哥礁的传说】

在美丽的西沙群岛中，有一个孤零零的小礁石堆。这堆礁石原本默默无名，自从有了这个传说之后，这堆礁石便被叫作“寻哥礁”了。

上古的年代，有兄弟俩，老大名叫“妃忠”，老二名叫“妃义”。兄弟俩住在海南岛崖县三亚的小渔村里，一直靠打鱼谋生。每年春季鱼汛期，兄弟俩便驾着小渔船，随着乡亲们的船

队，到七洲洋（今西沙群岛）去打鱼，避风住宿的窝棚就搭在圆峙（今甘泉岛）。

有一年春天，妃忠、妃义的渔船来到西沙群岛，第一次拉网的时候，渔网很重。兄弟俩费尽了力气，才把渔网拉上来，原来网里有一只特别大的海龟。兄弟俩拿来渔刀，准备把大海龟砍碎晒成干。正要动刀的时候，大海龟突然放声“哇哇”大哭起来。兄弟俩实在不忍心杀这大海龟，就抬起海龟又放回了南海之中。大海龟下海后，绕着渔船游了三圈，才远游而去。

秋天到了，兄弟俩的渔船也满了，就扬帆归航。起航不久，便遇上了大台风。突然间，一阵旋转风卷着巨浪把这艘小渔船吞噬了。沉船后，兄弟俩凭着很强的水性挣扎着。老二妃义紧紧抓住破船，一阵巨浪扑来，却把老大妃忠卷走了。经过一天一夜的漂流，第二天中午，妃义所依靠的破船在甘泉岛靠岸了。他不见哥哥，到处呼唤着哥哥的名字，嗓子喊哑了，眼泪哭干了，还是不见哥哥的踪影。大家都说妃忠已经遇难了。

在甘泉岛，乡亲们同心合力，经过十几天的努力，终于把妃义的小渔船修理好了。妃义便驾着小渔船，在数也数不尽的珊瑚礁上继续寻找哥哥。一天中午，天空万里无云，妃义发现远方有一个孤零零的小珊瑚礁，小渔船像离弦的箭一样向着这个礁屿驶去。

小渔船终于靠岸了，妃忠果然就在这个小岛上。兄弟俩热泪盈眶拥抱在一起。从此，这个孤零零的礁屿便得名“寻哥礁”。

原来，妃忠被台风巨浪卷走后，被他们放生的大海龟发现了，大海龟把妃忠救起驮在背上，一直驮到这个礁屿上。大海龟每天都按时送来鱼虾，妃忠饿了吃些鱼干、虾干，渴了喝些礁石坑里积存的雨水，就这样度过了半个月。兄弟俩离开小岛时，大海龟还来送行呢。

【南海望夫礁的传说】

在南海之滨，有一个礁石堆，高高耸立在海面上，波涛冲击，溅起一片白色的浪花。这个礁石堆名叫“望夫礁”，流传着妃多和妃情的故事。

妃情是渔家女儿中的一朵花，长得比龙女还要美。小伙子妃多人称“海上蛟龙”，是撒网能手。妃多和妃情相爱着，他们山盟海誓：海枯石烂心不变。

有个渔霸叫“渔霸天”，见妃情长得如花似玉，硬要把她娶回家，妃情坚决不答应。妃多和妃情要成亲了，“渔霸天”派来了兵丁，强把他俩赶下海，不准渔船靠岸避风。从此，妃多和妃情的小渔船只好在礁石堆上避风。

有一天，正逢鱼汛。妃情操舵划船，妃多撒网捕鱼。第三次撒网的时候，网中有一条金尾巴的大鲤鱼。大鲤鱼的头摆了三下，尾巴摇了三下，眼泪一滴一滴地涌了出来。原来，这尾大鲤鱼是南海龙王的女儿变的。妃多和妃情不忍心，就把鲤鱼放回海中了。

不久，南海刮起了大台风。海潮像万马奔腾，差不多快把这礁石堆淹没了。突然间，一阵巨浪卷来，把妃情刮到海里去了。妃多眼明手快，跳入怒潮之中，潜入海底抢救妃情。他用尽平生之力，才把妃情推到礁石堆上。紧接着，一阵拍岸巨浪向礁石堆扑来，已经筋疲力尽的妃多被巨浪卷走了。

妃情在礁石堆上苏醒过来，看不见妃多，心如刀绞，泪如泉涌。台风稍停，乡亲们四处寻找妃多，但是怎么找也找不到。妃情只是哭，饭也不吃，水也不喝。

且说妃多掉入海中，被海龙王的虾兵蟹将发现了，便抬回龙宫去。海龙王的女儿认出这是她的救命恩人，拿出“复活仙丹”让他服下，妃多立即活了过来。龙女看到妃多，想和妃多结为夫妇。妃多思念妃情，无论如何不肯答应。到了第三天，龙王龙女都被妃多的忠贞感动了。龙女赠送给他一颗“避水珠”，命令虾兵蟹将把他送回礁石堆去。

龙宫才三日，人间已三年，妃情坐在礁石堆上整整等了三年。妃多踏上了礁石堆，两人拥抱在一起。妃多看见妃情已是满头白发，就拿出“避水珠”让妃情看。突然间，妃情竟变得跟从前一样年轻美貌了，白头发一下子变得乌黑发亮。原来，这也是一颗“如意珠”，心里想什么就有什么。

从此，妃多和妃情的歌声又在这礁石堆上回荡，他们的生活一天天好起来。打这以后，这堆礁石也就有了名，这就是后来的“望夫礁”。

【西沙白鲣鸟和海鸥的传说】

一到西沙群岛的东岛，就可以见到白鲣鸟和海鸥像兄妹一般互相追逐。关于这两种鸟的来历，在南海渔民中，还有一个美好的传说。

很久以前，东岛住着一对打鱼为生的老夫妇，已经五十多岁了，还没有孩子。有一天，老夫妇出海打鱼，一连撒了九次网，每网都是空的。最后一网拉起来一看，网里有一条小美人鱼。老夫妇为人心地善良，便把美人鱼放回南海。

美人鱼下海前，对老夫妇说：“你俩有什么愿望，我一定能满

足。”老夫妇异口同声地说：“盼望能有一对儿女。”第二天中午，美人鱼给老夫妇送来了两只大鱼蛋。老夫妇照着美人鱼的话去做，在船舱中躲了起来。过一会儿，天昏海暗，电闪雷鸣，一声霹雳，接着就听到婴儿“哇哇”的啼哭声。老夫妇出来一看，原来蛋壳已经裂开，船头有一对白胖胖的婴儿躺着，一男一女。老夫妇喜出望外，给男孩起名叫“海鸥”，女孩叫“白娟”。

转眼间，十八年的光阴过去了。海鸥长成了身材健壮的小伙子，还是打鱼能手，白娟长成了俊俏秀丽的姑娘。岁月流逝，老夫妇相继去世了，兄妹俩继续在东岛附近的海里捕鱼为生。

后来，西沙群岛这一带出了一群海盗，盘踞在东岛对面的无名岛上，海盗头头名叫“吃人鲨”。有一次，海盗抢走了海鸥和白娟的鱼货。吃人鲨见到白娟花容月貌，便打起了坏主意，要把白娟抢走做压寨夫人。白娟誓死也不嫁抢船劫货的海盗。但兄妹俩根本无法逃脱强盗的魔掌，只好抱头大哭。

夜深人静，兄妹俩突然听到船边的海水中有人在悄悄讲话，原来是美人鱼的声音。兄妹俩按照美人鱼的吩咐，从船舱中找来了蛋壳，拿到船头，都蹲在蛋壳中间，再把蛋壳合了起来。第二天清早，“吃人鲨”带着一帮海盗来抢人了。登上小船，却见不到人影儿，都十分诧异。一个海盗举起棍子对两只大蛋打下去，这一打，顿时天昏海暗，电闪雷鸣，一声巨响，大蛋裂开了，火花四射，把“吃人鲨”和海盗都震死在船舱里。

从此，大哥海鸥变成了海鸥鸟，小妹白娟变成了白鲣鸟。白鲣鸟留恋故乡，永远栖息在东岛，现在还给渔民引路导航，渔民把它称为“导航鸟”、“吉祥鸟”。海鸥保护着白鲣鸟，永远高高飞翔，抗击着暴雨狂风，好像白鲣鸟的勇敢卫士，难舍难分。

【甘泉岛的淡水井传说】

西沙群岛是个好地方，在甘泉岛上，有一口珍贵的淡水井。提起这口淡水井，还有一段来历呢!

有一年，有一艘渔船到了西沙群岛海域打鱼。船上共有九个渔民，其中有个青年名叫“甘妃泉”。他们在返航的途中不幸遇上了台风，渔船被狂风恶浪打破了。九位渔民在海浪里漂浮了七天七夜，最后总算上了一个

小岛。他们个个渴得喉干舌焦，一爬上小岛，就忙着去找淡水。可是，哪里有淡水呢！渔民们都被饥渴折磨得动弹不得。

甘妃泉见状到岸边摸鱼捉虾给几位渔民吃，忽然看见一条金黄色的大海鲤搁浅在一堆珊瑚丛中。甘妃泉把大海鲤抱在怀里，准备让同伴们美美地吃一餐。谁知大海鲤的眼眶中涌出了一串串的泪珠儿。甘妃泉不忍心，就把大海鲤放回海里去了。

大海鲤下海之后，变成了一位头戴金冠、身穿绣金红袍的英俊少年，原来这是南海的龙子。为了报答救命之恩，他愿意满足甘妃泉的一个愿望。甘妃泉舔舔干裂的嘴唇，说要是能有淡水喝该多好呀！龙子掏出一颗发光的珠子，让甘妃泉把这颗珠子含在口中，九天之后再来取回。龙子又再三叮嘱说：千万不能把珠子吞下去，如果吞下去，人就会永远化作一股清泉，再也活不了啦！

甘妃泉发狂似地往回跑，把珠子含在口中，一股清水喷射出来，一会儿就在沙地上积满了一汪清泉。另外八位渔民喝足水后，一个个都站了起来。九天时间过去了，破船也修补好了。这天天刚亮，甘妃泉和伙伴们收拾停当，等着龙子到来，打算还了珠子启程回乡。

突然，小岛岸边又漂来了一艘破船。船上躺着几个渔民，个个嘴唇干裂，奄奄一息。甘妃泉望着这些快要渴死的渔民，心如刀绞。他不顾借珠子的九天期限已到，毅然把宝珠含到口中。清水喷涌出来了，那些渔民喝了清水，一个个精神抖擞起来。

正在这时候，海面上卷起了一阵阵波涛，龙子踏着浪尖，向小岛走来了。甘妃泉真是不知如何是好，他想：每年都有大批渔民到西沙这一带打鱼，因为岛上没有淡水井，将会有多少渔民在这小岛上活活渴死呀！想到这里，甘妃泉下定了决心，为了子孙万代，他一仰脖子，一下就把宝珠吞到肚子里去了。

刹那间，甘妃泉的身子僵化了，接着四散开来，渗透到白色的沙地中去。紧接着，沙地上冒出了一股泉水。渔民们凝视着这股清泉，一齐动手，在这里修成了一口淡水井。从此，小岛上就有了永不枯竭的甘泉。

渔民们为了纪念甘妃泉，就将这个小岛称为“甘泉岛”。

【 南海诸岛的海洋信仰 】

先秦时期，生活在华南沿海的人们依海为生，擅长舟楫与航海，海洋活动成为经济生活的一部分，海洋信仰随之产生。古代华南沿海影响最大的海洋神灵，当数南海神祝融、天后（妈祖）和伏波将军。

南海神祝融，民间称为“洪圣公”。在沿海民众心目中，“洪圣公”神通广大，大家相信他能够保护人们在海上、水上的所有活动。

著名的伏波将军之一，是指东汉光武帝时期的马援。

图2-7 南海的海洋信仰

海南及南海诸岛的“兄弟公”，也是受到广泛崇信的“海神”，又称“昭应公”、“108兄弟公”。昭应公一说起源于明代，以梁山泊“一百单八将”结义兄弟为蓝本。又说海南有“108兄弟”远航南海捕捞，遭遇罕见大台风，人船并失。后来，“108兄弟”多次显灵救助遭遇海难者，沿海乡亲感激他们的恩德，建祠立庙纪念他们。

海南兄弟公庙除广布在海南沿海外，在渔民经常活动的海岛和海域，都建有庙宇供奉神灵。昔日海南渔民远航西沙、中沙和南沙群岛以及东南亚诸国，在起航前和归航后，分别有“做福”(祈福)和“洗咸”等祭祀“兄弟公”的仪式，逢年过节也有祭拜。浅海捕捞的渔民也有祭拜“兄弟公”的习俗，凡是出海当天返航的渔民，如果捕鱼大丰收，渔民都会立即祭拜，感恩“兄弟公”。

1974年至1975年，我国考古人员踏遍西沙绝大部分岛礁滩沙，发现多处从秦汉到清代我国渔民的居住遗址和遗物。在赵述岛、北岛、南岛、永兴岛、和五岛、琛航岛、广金岛、珊瑚岛和甘泉岛，就发现14座渔民建造的供奉“兄弟公”的石庙(又叫“孤魂庙”、“公庙”、“神庙”、“土地庙”)；在中岛、晋卿岛、金银岛等地也有遗存。这些历史遗物、遗迹表明，自古以来中国人就是这片海域的主人。

海洋信仰是十分重要的文化遗产。东沙群岛的大王庙、西沙群岛的兄弟公庙，是我国南海诸岛海域世代生活的渔民最主要的精神寄托，也是证明南海诸岛及其海域自古就是我国固有海疆的物证。

【我国最南端的妈祖庙】

华南海神(水神)多数是本地产生的，只有妈祖(天后)是随着福建民众的迁移而传入的。民间流传着妈祖（原名“林默”）生前拯溺救难和“升天”后显灵护国庇民的许多神话故事。据不完全统计，目前全世界信仰妈祖的人数超过1亿，有妈祖庙(天后宫)1500多座。2009年，妈祖信仰被联合国教科文组织列为世界非物质文化遗产。

南海诸岛的西沙和南沙群岛有我国最南端的妈祖庙，这些妈祖庙大小不一，称“天妃庙”，亦称“天后庙”、“娘娘庙”。

西沙群岛的第一大岛永兴岛上如今尚存一间砖瓦庙，它也是西沙群岛最大的妈祖庙。

据记载，娘娘庙原先除了有“海不扬波”匾额，另外还有一副楹联：“兄弟感灵应，孤魂得恩深”。在西沙群岛渔民中流传有108位结义兄弟死后成为孤魂的传说。楹联中的“感灵应”、“得恩深”，指的就是这些遇难兄弟得受海神天妃灵应，并得沐天妃恩惠，他们从此成为海洋群神并共享天妃香火。

图2–8 妈祖像

在西沙群岛中的妈祖信仰遗迹其实还有很多。例如，在渔民中流传有一首妈祖及陪神诗，据说渔民在海上遇险之际，常念诵此诗。

妈祖是中国古代海洋文化的象征之一。妈祖信仰自宋代以后不断向沿海地区和海外传播，形成了影响广泛的国际性民间信仰。宋代以后，福建人持续南迁入广东、广西、海南等沿海地区，也把妈祖信仰带到这里，成为濒海民众广泛信仰的海洋大神。

【 有趣的南海渔家风情 】

生活在南海上的广大渔民，大多来自海南与广西。千百年来的渔业生活，形成了独特的渔家风俗和习惯。他们的捕鱼方式、行船规矩、渔业禁忌等，都有一套完整的、与内陆百姓生活迥异的习俗。

西沙的渔民不同于其他地方的渔民，他们祖祖辈辈从事海洋渔业作业。不用渔网，只钓鱼或徒手潜入一二十米的海里捕捞作业。这种技巧似乎是与生俱来的，他们先用棉絮做成诈饵钓炮弹鱼，这些炮弹鱼又成了钓马鲛鱼的诱饵。

南海渔民出海，多有“父子不同船”的规矩。尤其在过去，渔船吨位小，抗风浪能力差，渔业生产危险性大。为支撑一个家庭，同一家庭成员不得在同一条船上作业。“父子不同船”是渔家世代严守的准则，并发展成“父子兄弟不同船”，以免发生意外时亲人同时遇难。这样的习俗保证了生命的延续。

南海海域辽阔，台风说来就来，海浪掀翻渔船的事时有发生。渔民们也养成了相互救援的习惯，并形成传统，世代相传。只要海上有人发出求救信号，一旦被渔民发现，就会立即停止自己的工作，驱船前往救助，救援者不要感谢，不计报酬。

过去，出海时间长，渔船设施落后，船上、岛上没有蔬菜吃，时间一长，渔民会得浮肿病。所以，几乎每条船上都带有菜籽，当他们到达一个小岛时，会选择一个适合的地方种上蔬菜。不论日后谁到这个岛上，都能吃到一点蔬菜，那都是最为珍贵的帮助。

南海渔民过年的习俗自然离不开“海”和“鱼”。农历十二月二十三日，渔民除了敬灶神，还要捞一条活鱼供祭，祭毕放生入海。大年三十

图2–9 西沙风光

是渔家最隆重的庆典日，这一天，渔家要在船上张贴对联，在船头贴上“福”字，而且不可以倒贴，还要在船头、船尾、主桅上张贴“顺风得利”、“一帆风顺”等“红额”，用春联和门神、彩旗、灯笼把渔船装点一新。南海渔民在过年时，除了表演耍鱼灯、鱼儿戏龙珠、渔翁来钓鱼、渔歌对唱等节目，还会开展一系列富有渔乡特色的比赛，如划船、摇橹、拉船、织网、舞狮、舞龙、舞鲤鱼等。

图2—10 南海风光

第三章 珍贵的资源

南海蕴含着丰富的资源和巨大的能量，拥有海洋中几乎所有形式的自然能源。

【蓝色宝库——南海】

南海是我国典型的热带海区，适合热带生物的生长繁殖。不论是在岛礁上，还是在岛礁附近的海域，都有着丰富的自然资源。

南海诸岛是我国最靠近赤道的地方，四时皆夏，雨量丰沛，且受季风影响。而岛屿附近的海域，水温和含盐量都比较高，年变化又小，既无泥质海岸，又无河水注入，水质澄清洁净，是典型的热带海洋环境。这些优越的水文气象条件，不仅形成了南海诸岛独特的自然风光，而且为我们提供了丰富的海洋资源。

南沙群岛的海区面积，相当于8个江苏省的面积。

由于地理位置、地质构造、环境条件等多种因素的作用，南海诸岛的海洋资源非常丰富，有矿产资源、动物资源、植物资源、化学资源、海水资源、动力资源、旅游资源、空间资源等，是名副其实的“蓝色宝库”。

南海特殊的地缘优势，还造就了南海诸岛独特的海洋性人文资源，包括人类社会活动的遗迹、文化资源、现代人文景观等，这些积淀深厚、表象精彩、独一无二的人文资源，形成了独具特色的南海文化。

【第二个波斯湾——南海】

1954年夏天，海南岛一位渔民，在南海西北部的莺歌海意外地发现，大海就像被烧沸了的开水一样直往上“冒泡泡”。这“小泡泡”就是中国海洋被发现的第一个油气苗，地质学家将此命名为“3号气苗”。从1958年起，中国海洋石油开发者们根据这一发现，在附近海域相继钻探了近10个钻探井。

地质学家探测发现，莺歌海盆地是我国南海已知的油气资源储存量十分丰富的三个大型沉积盆地之一，面积7万多平方千米，其地质原油储量可达8亿～10亿吨，据称天然气储量超过了中国当时发现的任何一个气田的储量，其开发前景十分良好。正是当年的海上“小泡泡”，催生了当代中国海洋石油工业。

据国土资源部披露，南海海域有含油气构造200多个，油气田约180

图3—1 海上钻井平台

个。石油行业有句话：要油要气找盆地。油气的生成和聚集都在盆地，这些盆地都有可观的石油蕴藏前景，是名副其实的聚宝盆。仅在曾母盆地、沙巴盆地、万安盆地的石油总储量就有近200亿吨，是世界上尚待开发的大型油藏之一。

据初步统计，整个南海的石油地质储量有230亿～300亿吨，约占我国石油资源总量的三分之一，属于世界四大海洋油气聚集中心之一，因此南海有“第二个波斯湾”之称。

目前，国土资源部已在南海南部的14个主要盆地进行了油气资源评价，南海油气资源可开发价值超过20万亿元人民币。从1996年至今，南海东部海域已连续10年油气产量超过千万立方米，成为我国第四大油田，有效缓解了我国南部沿海地区的原油供应紧张局面。

目前，我国在南海的勘探开发基本上集中在北部湾和珠江口海域，南海南部海域至今没有大量产出。近年来，海洋地质工作者在南海北部陆坡深水区展开了深入调查，发现该深水区域油气前景较好，有望成为我国下一步油气勘探和开发的新领域。未来，南海海洋石油勘探开发将向深海推进。

素有“第二个波斯湾”之称的南海，被列为我国十大油气选区之一，是中国能源未来的希望之地。南海石油，正变得越来越令人神往！

【“海洋石油981”的故事】

2014年9月15日，中海油宣布“海洋石油981”钻井平台在南海北部深水区测试获得高产油气流。据测算，这是中国海域自营深水勘探的第一个重大油气发现。从测试结果看，基本明确这是一个高产大气田。

此次发现的陵水17-2气田，创造了当时中海油自营气井测试日产量的最高纪录。一般来说，探明储量300亿立方米以上的气田可称为“大气田”。目前估算，该气田探明储量远高于这一数字。

图3-2 海上油井

陵水17-2气田距海南岛约150千米，其构造位于南海琼东南盆地深水区的陵水凹陷，平均作业水深1500米，为超深水气田。这一发现说明，我国海洋石油工业基本具备在深水、超深水自营勘探的能力。

目前，国际上把从水面到海床垂直距离在500米以上的称为“深水”，1500米以上的称为

“超深水”。由于深海地质条件复杂，油气勘探开发技术难度和投入随深度变化呈几何倍数增长。此前，全球深水油气勘探一直为少数国际大石油公司垄断。

“海洋石油981”被称作“深水半潜式钻井平台”，由中国海洋石油总公司设计与建造，是中国首座深水钻井平台。平台长114米，宽90米，高112米，重量超过3万吨。工作海域最大水深3000米，钻井深度最多达12000米。“海洋石油981”作为一个深水钻井平台，具备了海洋油气开发的技术要求，为中国大规模开发南海油气资源创造了条件。

【蕴藏量巨大的海底金属矿产资源】

2015年8月，中国“蛟龙”号载人潜水器南海下潜勘查，带回了8块金属结核。其中5块结核比鸡蛋略大，另外3块比拳头还大，都呈黑色。

南海是太平洋的一个边缘海，海山较多，入海的河流也较多，所以海水里的铁锰元素含量相比其他海域更高。据参与“蛟龙”号下潜的海洋科学家估计，这次新采集的金属结核的铁锰含量会比较高，可称为“铁锰结核”。

锰结核，学名“多金属结核”，是沉淀在海洋底部的一种金属矿石，表面呈黑色或棕褐色。其形态多样，有球状、块状、炉渣状等。它含有30多种金属元素，其中锰的含量最多，可达55%以上，铁、镍、铜、钴、钛等

20多种金属元素的含量也很高。

关于锰结核的生成，通俗的说法是锰结核为水氧化物。海水里富含各种金属元素，这些元素浸入海底的沉积物后，导致各种金属成分与沉积物进行交换。结核的形成还需要有一个核心物质，有了一个核心就像是桃子有个桃核一样，在水的作用下形成同心圆的圈层结构。锰结核的生长速度非常慢，比如东太平洋里的锰结核百万年才会成长几毫米，我国南海的锰结核成长速度会较快一点。

由于陆地上资源日益紧缺，沉睡在海底的锰结核越来越受到各国的重视，而其中最具经济价值的是铜、钴、镍这三种元素。虽然据以往经验，边缘海的锰结核都有丰度高（丰度是指每平方米所含锰结核数量）、品位少（品位是指其含有贵重金属成分的多少）的特点，但这次在南海“蛟龙海山”区发现的多金属结核具体含有哪些成分，还需要进一步的检测分析，其经济价值目前无法估量。

我国在南海深海区已采获锰结核和富钴结壳的样品。南海中部盆地有许多由数千万年古火山构成的海山、海丘和平顶山，它们具有富钴结壳产出的很大潜力。西沙北海槽也可能适合形成多金属块状硫化物。

1986年和1988年，我国对南海进行资源调查时，先后在宪北海山、珍贝海山、双峰海山等地发现了钴结壳，它们分布在水深1500～1900米的海山上部，其厚度达1～5厘米，资源调查中采集到的最大一块钴结壳的重量为39.3千克。

【南海可燃冰勘探开发进入快车道】

可燃冰，是“天然气水合物”的俗称。在海底的低温和压力下，甲烷被包进水分子中，形成一种冰冷的白色透明结晶，由于它外表看上去像冰，又能像蜡烛一样燃烧，故人们形象地称之为“可燃冰”。

据计算，1立方米的可燃冰释放出来的能量，相当于170立方米的天然气，能源密度是普通天然气的2～5倍，而且它的蕴藏量大得惊人。海底可燃冰分布的范围约占海洋总面积的10%，全球可燃冰总能量，是地球上所有煤、石油和天然气总和的2～3倍，是公认的“21世纪的新能源”。

我国的可燃冰在哪里？1999年，我国启动了南海可燃冰资源调查。2002年初，科学家在南海北部陆坡区首次发现了可燃冰的地球物理标志，而且大致圈出约8000平方千米的分布面积。自2002年以来，在南海北部陆坡的琼东南海域、西沙海槽、神狐海域和东沙海域的调查，圈定了可燃冰远景最有利的重点目标区，仅西沙海槽区的估算远景资源量即达45.5亿吨油当量。

这一天终于来了！2007年5月1日凌晨，国土资源部中国地质调查局在南海北部的神狐海域，成功钻获天然气水合物实物样品——可燃冰！样品虽然是很小一团，但样品释放出的气体中甲烷含量高达99.8%，它实现了我国第一次获取可燃冰的梦想！

据科学家初步分析，我国南海神狐海域已发现的含天然气水合物沉积层厚度约34米，无论是矿层厚度、水合物丰度还是甲烷纯度，都超出世界上其他地区类似的发现。这证实了我国南海北部蕴藏着丰富的天然气水合物资源，我国也成为继美国、日本、印度之后第4个通过国家级研发计划采到天然气水合物样品的国家，标志着我国天然气水合物调查研究水平步入世界先进行列。2007年6月，这种神秘物质“可燃冰”在广州亮相，在社会各界引起了轰动。

南海北部有可能成为我国未来可燃冰开采的首选区。从地质构造条件看，南海可燃冰储量在700亿吨左右，资源潜力很大。

未来，我国将积极开发南海可燃冰勘探研究，在摸清南海可燃冰资源的“家底”后进行可燃冰试开采。这表明，我国南海可燃冰勘探开发已进入快车道。

【 鸟粪与磷矿资源 】

南海的鸟类，会给到过这里的人们留下深刻的印象。在波涛汹涌的海面上，成千上万的海鸟自由飞翔于白云和浪涛之间，千姿百态，如诗如画。特别是西沙和南沙群岛，简直是海鸟的天下。据调查，仅西沙群岛的鸟类就有40多种，比较常见的有鲣鸟、乌燕鸥、黑枕燕鸥、大凤头燕鸥、暗绿绣眼等。

你知道吗？这些数量巨大的海鸟排泄的粪便，是一种优质的天然肥料。天长日久，岛上会积成厚厚的鸟粪层，有的鸟粪层厚达1米，储量丰富。据测定，西沙鸟粪的主要化学成分包括氧化钙、全磷酸、有机物、灰分、氮。鸟粪含有丰富的磷质，磷质对粮食作物和经济作物都有很高的肥效。因此，鸟粪的经济价值很高，是制作磷肥的良好原料。

南海诸岛的鸟粪分为两种，一种是鸟粪土，另一种是鸟粪石。鸟粪土像赤褐色的泥土，质地疏松。鸟粪石是胶结的硬块，

通常产于低纬度海岛，主要是海鸟所产生的大量粪便，与未被消化的鱼骨和其他沙质等，经过长期聚积所形成。

西沙群岛的鸟粪层，由上而下一般可分为四层：最上层为白色沙粒枯枝落叶层，富含氮质有机质和可溶性磷酸物，略呈块状，铁锤击之即碎；第二层为深棕色散沙层，并可见结核；第三层为棕黄色块状层，表面多孔隙，混合白色珊瑚沙，富含碳酸钙；最下层为黄色的珊瑚砂岩，含磷量少，覆于珊瑚灰岩之上，厚约10厘米。

中华人民共和国成立后，西沙群岛的鸟粪资源得到了保护和合理的开发利用，有力地支援了我国的农业生产。

经过西沙勘察队资料整理和化验分析，有关部门得出结论，西沙群岛可以开采的鸟粪约有50万吨，而且含磷量很高，极具开采价值。1955年11月，海南鸟肥公司成立，致力于开发鸟肥资源。

ZHONG GUO NANHAI

【丰富多样的海洋生物资源】

南海诸岛地处热带海域，珊瑚礁发育良好，各种藻类和无脊椎动物生长繁盛。珊瑚礁以外便是辽阔深邃的海洋，暖水性浮游生物及各种饵料生物丰富。这样优越的热带海洋环境，给热带鱼类提供了极为有利的生活条件。从生态类型看，南海的鱼类，大致可分为珊瑚礁鱼类和大洋性鱼类两大部分。

珊瑚礁鱼类，是指生活在珊瑚礁盘中和围绕着珊瑚礁生活的鱼类。许多珊瑚礁鱼类，具有鲜艳的色彩、奇特的外形、厚而坚实的皮肤和发达强硬的鳍棘。南海诸岛附近海域，珊瑚礁鱼类有300种以上，其中以隆头鱼科、雀鲷科和蝴蝶鱼科的种类最多。珊瑚礁的经济鱼类有50多种，主要有裸颊鲷、笛鲷、梅鲷、紫鱼、九棘鲈和石斑等。

大洋性鱼类主要生活在南海辽阔的深水海域中。它们一般都具有纺锤形的身体，敏捷地在水中捕食其他生物，例如金枪鱼、鲣、旗鱼、箭鱼、刺鲅、鲨鱼等。

南海诸岛海域不仅鱼类丰富，而且还有很多珍贵的海产资源。比如体形庞大的海龟，珍贵的海参，五彩缤纷的海贝、海藻等，种类繁多，数不胜数。

人们常把海龟作为海洋龟类的通称，这是一类大型海洋爬行动物，在南海诸岛海域主要有海龟、蠵龟、玳瑁、棱皮龟四种。其中体形最大的要算棱皮龟，最重的可达400至500千克，可谓“龟中之王”。海龟性情温和，主要以鱼、虾、海藻类为食物，是一种珍贵的海洋动物。

南海诸岛也是海参繁殖的好地方。全世界约有40种海参可

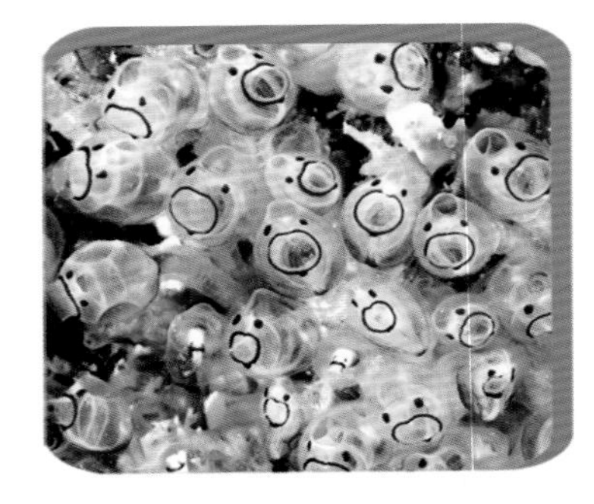

图3-3 丰富的海洋生物资源

供食用，我国仅西沙群岛海域就有20多种。海参属棘皮动物，是一种珍贵的海产品，也是一种高级滋补品，除可食用外，还可药用。

南海诸岛还有数量众多的海产贝类，大多数属于和珊瑚礁关系密切的热带品种。它们的种类很多，比如鲍鱼、马蹄螺等。宝贝是常见的贝类之一，仅西沙群岛就已采到30多种。砗磲则是体形特别大的双壳类动物，它有两扇很大的贝壳，大者长达1米多，重200多千克，壳质坚厚，有的寿命可达百年。色彩鲜艳的海贝，与五光十色、千姿百态的珊瑚及其他海洋生物，共同构成了美丽壮观的海底世界。

海藻也是南海诸岛一项珍贵的海产资源，尤其是热带性藻类，如闻名中外的海人草，石花菜、麒麟菜、马尾藻等都很丰富。

【中国生物多样性最丰富的海区】

三沙附近的海域，生态系统丰富而饱满，有许多大型鱼类成群巡游。捕捞这种鱼时，渔民会在一条线上挂一条小鱼，再把这条线挂在船舷，快速行驶。大鱼误以为小鱼游在水中，紧追不舍，很快中计，自投罗网。

鸟类在珊瑚礁演化过程中扮演了非常重要的角色：鸟粪堆积成含有丰富磷矿资源的土壤，有利于植被生长，也使沙洲成长为岛屿，有人因此把珊瑚礁比喻成“沙漠中的绿洲”。

南海中的一个个大型珊瑚礁岛屿、沙洲、暗礁、暗沙，毫无疑问会成为海洋生物最密集的地方。三沙市到处都是珊瑚礁造就的天然“海洋牧场”。从生态的视角看，珊瑚礁是一个海洋生物繁盛的生态系统。

茫茫大海中，生物也要有个家，珊瑚礁就是各种海洋生物的家。因此，珊瑚礁中的海洋生物要比深海中多得多，也比浅海多。

图3—4 海底珊瑚礁

图3—5 美丽的珊瑚

以曾母暗沙为例，我国科学家在此做过调查，这座隐没于水下20多米的珊瑚礁丘，有海洋植物157种，浮游动物135种，鱼类53种，底栖的生物量每平方米高达554克。在珊瑚礁中栖息的礁栖生物就更多了，软体动物有47种，甲壳动物有40种，棘皮动物有16种。珊瑚种类繁多，造礁的珊瑚有44种，角珊瑚有8种，软珊瑚有6种。还有许多其他的海洋生物。

其实在大海中，任何矗立在海底的物体，都会吸引海洋生物来此栖息生存。同样，海底崛起的珊瑚岛礁、环礁等，也是海洋生物多样性最丰富、种群最密集的地方。其道理并不复杂：海中有凸起物，就会有藻类、珊瑚等附着其上，于是引来了吃藻类的海洋底栖生物和小鱼、小虾，随后又引来了吃小鱼、小虾的大鱼，一个个食物链和生态系统就这样形成了。因此，这些地方海洋生物密集就不奇怪了。

【 南海热带珍稀植物资源 】

当我国的北方千里冰封、万里雪飘的时候，南海诸岛仍然是葱绿盈野、鲜花盛开、风景优美的热带海上花园。

植物覆盖度高，是踏上东沙岛后最初的印象。经过多年的调查发现，截至2013年，东沙岛的植物资源累计达62科204种。岛上常见植物有止宫树、橄树、葛塔德木、草海桐、林投、亚洲滨枣、白水木等，此外还有老虎心、毛苦参、大花蒺藜等稀有植物。由于东沙岛位于南海北端，是许多热带植物分布的北界，在植物生态上具有重大意义。

西沙群岛地处热带，气温高，雨量充沛，有利于植物的繁殖和生长，因而这里四季苍翠，终年花开，自然资源非常富饶。群岛上树木丛生，植物繁茂，以抗风桐、草海桐和羊角树为多。

西沙群岛的维管植物品种繁多，大多可食用或入药；植被覆盖率为43.72%，森林类型为珊瑚岛热带常绿林，较大的乔木有海岸桐、白避霜花、橙花破布木等4种。当船舶慢慢靠近三沙永兴岛，远远就会看见片片相连的草海桐，它们叶片宽大肥厚，迎着大海生长，就像永兴岛上的“迎客松”。

与海南岛热带雨林中丰富的植物多样性相比，南海诸岛的植物种类显得有些单调。不过，这些植物却在三沙高温、高盐、少雨、海风强劲的恶劣环境下，练就了一身抗风、抗盐、抗旱的本领，犹如一堵坚不可摧的“植物长城”，为岛礁的生物提供了重要的栖息之所和食物之源。

白避霜花是三沙岛屿上最高大的树木，粗犷高大，叶茂根壮，每株可高达10余米，树和树之间相互牵连交错，形成强大的抗风能力，又被称为“抗风桐”或“常绿林”。白避霜花的很多树枝被强劲的海风刮得像扭曲的麻花，但特别坚硬，成为鲣鸟、军舰鸟等海鸟喜欢的筑巢树。

除了自然野生植物，永兴岛上也有很多人工种植的植被，比如椰子树、槟榔、木瓜、九里香、散尾葵、海南榕等绿化树种。

据调查，西沙群岛有近300种植物，其中绝大部分与广东大陆沿海和海南岛的三亚榆林一带的相同，不同的只有10多种。其中，好些是我们的祖先引种的，这也说明了中国人民引种植物开发南海诸岛的卓越成就。

【 椰子树：渔民乡情的延伸 】

在我国南海诸岛生活的历代渔民，都有在岛上栽培椰子树的习惯，几乎各个岛上都有。椰子树挺拔秀丽，枝匀叶密，硕果累累，已成为南海诸岛的一道美丽景观，高大的椰子树也成了航海的标志物。

椰子树原产中国大陆，尤其海南岛种植较多，早在南宋时就有了。海南岛渔民在南海各岛屿种植椰子树的历史悠久。

调查发现，在清朝光绪年间，海南岛琼海渔民在太平岛西北部建庙一座，挖井一口，种植椰子树200余株。此外，西月岛、中业岛、双子礁、南威岛、南钥岛、鸿庥岛等，都有海南渔民种植的椰子树。

1951年，琼海渔民到南沙作业，遭遇风暴，便到南子岛避风，在南子岛上搭棚暂住。渔民们看到岛上掉落的椰果已经发芽，便把这些发芽的椰果移植到空地上，每人种植10到20株椰子树。待他们离开时，南子岛已遍布椰树。

海南渔民开发南海初期，岛上几乎空无一物，人们在岛上生产生活，连坐的地方都没有，被形象地比喻为“站峙”。“站峙”久了，对于遥远的家乡和亲人倍加思念，加上岛上淡水稀缺，于是，象征着海南风物人情的椰子树，就成了种植的最佳选择。

海南渔民，从家乡千里迢迢地运了椰子树到岛上种植，一可聊解思乡之苦，二可饮椰子水解渴，三可作为开发南海的标志，四是高大的椰子树，在一望无垠的大海

上，可以作为辨别方位的参照物。现在，先辈们引种至西沙的椰子树，在永兴岛、东岛已成片成片地生长着，椰子林约有数千株，高20～30米，修长挺拔，更增添了热带海岛风光。

【 喜人的海洋化学资源 】

海洋化学资源，是指海水中所含的大量化学物质，比如我们熟悉的盐类，以及锂、磷、碘、钡、锌、铁、铅、铝等。其中，氯化钠约占海洋盐类总重量的80%。

海洋化学资源开发利用的历史悠久，主要包括海水制盐及卤水综合利用，海水制镁和制溴，从海水中提取铀、钾、碘等化学元素，以及海水淡化等。20世纪60年代以来，海洋天然有机物质的研究和利用，比如从海洋动植物中提取天然有机生理活性物质，也得到了迅速发展。

南海在海水资源利用上，具有不可替代的地位。据推算，南海海水的总体积，大约为我国渤海、黄海、东海三大海区体积之和的14倍。无论是海水制盐，还是海水淡化；亦或是海水化学元素提取，还是海水的综合利用，南海都展现出广阔的喜人的远景。

南海淡水资源紧缺，然而海水资源却是取之不竭。海水淡化是解决

图3-6 淡水资源

海岛生活、军事和旅游等用水的重要途径。20世纪70年代中期，中国科学院能源研究所在西沙永兴岛建立了一台顶棚式直接淡化装置，每日产淡水0.2吨，这是我国在南海淡化海水的开端。

1974年10月，国家海洋局成功研制了8台海水淡化器，提供给西沙永兴岛、琛航岛等守岛部队使用。

1981年，我国第一台日产淡水200吨的大型电渗析海水淡化器在西沙永兴岛的西沙海水淡化站投入使用。该设备生产每吨淡水总耗电量约17度，淡水成本约为船运淡水费用的四分之一，淡化水的水质符合国家饮用水的标准。此外，南沙永暑礁等岛礁也先后安装了海水淡化装置，对解决海岛、石油平台、船舶等小范围的淡水缺乏问题，都起到了一定的作用。

目前，海水直接利用主要在三个方面：工业冷却水、生活用水和低盐度海水灌溉农作物。尽管直接利用海水在技术上还有一定难度，成本也较高，但对于类似南海这样缺乏淡水资源的地区来说，是非常值得尝试的。

【极具潜力的海洋动力资源】

南海诸岛所在的海区，大部分为南海的腹心地带，基本不受沿岸陆地的影响，因而能够保持较为稳定的水温、盐度、透明度等水文条件。

这样稳定的水文条件，适合大量的热带鱼类和其他海洋生物生长，人们可以从海水中提取多种有用的化学资源，甚至还可以利用表层海水和中、深层海水的巨大温差，利用波浪和洋流的动力，进行海水温差发电、波浪发电和海流发电，以解决岛屿的用电问题。

图3–7 海水淡化设备

作为南海沿岸地区唯一得到利用的海洋能源，潮汐能在南海动力资源中无疑有着相当重要的地位。

南海诸岛海区的波高一般在1.3～10米之间，平均波高1.4米，波浪发电理论功率值为1726.1万千瓦。南海波浪能的蕴藏量为632.5万千瓦，占全国波浪能总蕴藏量的27.5%。其中西沙海区是南海波浪能的主要分布区，初步估算西沙海岛外礁盘及环礁岸线，波浪能蕴藏量约为68万千瓦。目前，一些岛礁上已经安装了利用波浪能发电的航标灯。

ZHONG GUO NANHAI

南海岛礁大部分耸立于深海中，岛礁外坡陡峭，外缘近处水深可达500米以上，年平均表层水温25～28℃，而水深500米处的水温常为8～9℃，1000米深处水温常为5℃，由此产生巨大的温差能源。

同时，南海诸岛属于我国风能资源较丰富的地区，在海区中仅次于台湾海峡和巴士海峡的风能高值区，西沙群岛风能高于南沙群岛。目前，我国已在南沙群岛成功地进行了风能、太阳能和柴油发电机联合发电的试验，达到了立足以气象能源为主解决岛礁基本用电需要的目标。

南海蕴含着丰富而巨大的能量，拥有海洋中几乎所有形式的自然能源，包括潮汐能、波浪能、海流能、温差能、盐差能、化学能及海岛风能。南海多样性的动力能源，将是我国南海海域开发中最重要的内容之一。

我国将开展和南海周边国家的深海科研合作，进行海洋可再生能源的勘察与评估，因地制宜，推动海上风电、热带岛屿潮汐发电、波浪能和海洋生物质能等海洋可再生能源的利用与示范。

【多姿多彩的热带海洋旅游资源】

图3–8 海洋旅游资源

南海在地缘上属于海上枢纽，气候宜人，日照充足，全年宜游天数在300天以上。自然环境优美，绿树银滩，风光如画，是绝佳的避寒胜地，一年四季皆适宜旅游。

南海诸岛的植物生长茂盛，终年常绿，四时花开。特别是在林木丛生之地，鸟类和野生动物种类丰富。高温多雨的环境，给这些远离大陆的岛屿带来了生机盎然的自然美景。

灰沙岛、丛林、海鸟群、椰林、沙滩、珊瑚礁、潟湖、碧海、蓝天、阳光和游鱼，构成了南海胜景。水下生物与地貌更是丰富多彩：有时还会遇见海龟、玳瑁、蝠鲼、巨石斑和儒艮；成群结队的海豚在礁前嬉水；鲨鱼追逐，飞鱼惊起，低空滑翔；偶尔见鲸露头喷水，水花映虹。在海滩、礁坪上拾贝和采集生物标本，老少咸宜；在礁前和潟湖垂钓、潜水，乐享自然。

灰沙岛上留存着一些古建筑，比如古庙、古屋、古井、古碑、旧碉堡、旧码头和旧矿场，还有各种出土的新石器晚期、战国至明清时代的文物陶瓷器、钱币和铁器。西沙群岛还有甘泉岛古人居遗址，北礁、华光礁和银屿古沉船遗址。此外，永兴岛港口街道和博物馆也很值得游览。

南海诸岛能够满足游客观光游览、度假休闲、康体健身、科普探险等各种需求。

南海是中国真正的热带海区，是独具魅力的海区，是海水透明度和水色最好的海区，也是珊瑚种类最丰富、造型最漂亮的海区，岛礁风光秀丽，十分适合开发度假旅游。

第四章 我们的足迹

南海烟波浩渺，变幻莫测，但阻挡不住岭南人的往来。生活在江河水浒的古越人，舟楫是他们的主要交通工具。

【为什么说南海诸岛是中国领土】

富饶美丽的南海诸岛，自古以来就是我国的领土。早在2000多年以前的先秦时期，南海之名就出现了。

汉武帝时，我国人民就已在南海航行、生产，并先后发现了南海诸岛。东汉杨孚所著的《异物志》中，就有“涨海崎头，水浅而多磁石”的记载。东汉交州刺使周敞曾巡行“涨海”，这说明在公元2世纪初年，中国政府已在南海海域进行巡视。

三国时万震的《南州异物志》，在记述汉代从马来半岛到中国大陆的航行路线时，亦有“东北行，极大崎头，出涨海，中浅而多磁石”的记载。书中所说的“涨海”，就是现在的南海，“磁石”指的是当时尚未露出水面的暗沙和暗礁，由于船只碰到这些暗礁往往搁浅遇难，无法脱身，故称为“磁石”。

唐宋以来，我国船舶经常往返于中国和东南亚、南亚以及东非各国之间，更加深了对南海诸岛的认识，并出现了专指东沙、西沙和南沙群岛的古地名。我国许多古籍中把东沙群岛命名为“南澳气”，把西沙、南沙群岛命名为“九乳螺洲”、“石塘”、“长沙”、“千里石塘”、“万里长沙”等。宋代的洪迈在《容斋随笔》中明确指出：交州、广州以南的海域即南海。此海在每年的台风季节潮水汹涌澎湃，因而有“涨海”之称。

我国人民在发现了南海诸岛之后，克服各种困难，不断地对这些岛屿进行开发和经营。早在2000多年前，我国古籍中就有关于南海诸岛出产海龟和玳瑁的记载。1000多年前，已有我国人民在南海诸岛捕鱼的记述。

北宋时期由仁宗皇帝亲作“御序”的《武经总要》一书，记载了中国水师巡视“九乳螺洲”（今西沙群岛）的历史事实。这说明，北宋朝廷已把西沙群岛置于自己的管辖范围之内。明清时代，海南岛渔民到西沙、南沙群岛，广东和福建沿海的渔民到东沙群岛进行捕捞的人数逐渐增加，活动范围也不断扩大。除捕捞海产外，他们还在岛上植树、开垦。南海许多岛屿上，现在还保存有不少明清时代的珊瑚庙，以及清代海南渔民留下的房屋、水井、椰树、坟墓等。

上述历史事实雄辩地证明：南海诸岛由中国人最早发现，最早开发经营，最早管辖。千百年来，中国历代政府对这些岛屿一直行使着管辖权，中国人民是南海诸岛无可争辩的主人。

图4—1 美丽的南海

【先秦古越人对近海的认识与原始开发】

先秦时期，生活在南海周边的原住民古越人大多临海而居，靠打鱼为生。后人在南海沿海各地，发现了不少古越人食用水产品后留下的遗物，长年累月堆积在一起，考古学家称之为“贝丘遗址”。在珠江三角洲、海南岛、雷州半岛和北部湾沿岸，都有同时代或稍晚的贝丘遗址，说明南海沿海先民上古时期的主要生活方式是渔猎。而浩瀚的南海，自古以来就以它丰富的水产哺育了沿岸这些古老的民族。

南海虽然烟波浩渺，变幻莫测，但阻挡不住岭南人的往来。生活在江河水浒的古越人，舟楫是他们主要的交通工具。1989年，广东珠海高栏岛发现宝镜湾岩画，长5米，高2.9米。画中内容为用线条刻画出的人、船、蛇、鸟、波浪等，大约作于春秋战国时期，分析显示这与古越人渡海活动有密切的联系。

考古学家和人类学家研究发现，远古时代移居海南岛的黎族祖先，就是乘坐独木舟或木筏从大陆渡海而来的。根据同位素碳14年代测定，南海诸岛大部分岛礁露出水面的时间距离现在约5000年，这为远古时代人类在南海的活动，提供了一定的科学依据。

2012年，中国科学院古脊椎动物与古人类研究所通过对西沙永兴岛及其相连石岛地区地质剖面的考察，初步推断岛屿应在5万年前形

成，岛礁周围分布着一些洞穴，存在古脊椎动物甚至古人类活动的可能性。

在海南省三亚市和昌江县，相继发现了旧石器时代和新石器时代早期人类活动的洞穴，这使南海地区成为当今古人类文化研究的重点地区。如今，三沙市作为中国最南端的城市，有关“何时有人类文明、何时有古脊椎动物活动”等领域的探索，对我国考古工作具有重要价值。三沙市亟待地质学家、古生物学家、水下考古学家通力合作，尽快地开展全面的岛礁地质勘探与洞穴调查工作。

汉代开辟了“海上丝绸之路”的南海航线

我国自古以丝绸闻名于世，丝绸之路开辟后，中国丝绸远销欧洲各国。为此，汉武帝极力开辟海上交通，致力于各国贸易往来。汉代的帆船开辟了从南海通往印度洋的航线，这是我国历史上的第一条远洋航线，也是世界上最早的海外贸易航线之一。

我国古代文献中关于南海、印度洋上的航路，第一次较完整的记录见于《汉书·地理志》。这是我国海船经南海，通过马六甲海峡在印度洋航行的真实写照。其航线为：自广东徐闻、广西合浦出发，经南海进入马来半岛、暹罗湾、孟加拉湾，到达印度半岛南部的黄支国和已程不国（今斯里兰卡）。中国从此处可购得珍珠、璧琉璃、奇石异物等。中国的“杂缯”（即各种丝绸）等由此可转运到罗马，从而开辟了“海上丝绸之路”。

在陆上丝绸之路不断衰落的过程中，随着造船及航海技术的不断发展，海上的贸易商路逐渐上升为国际交往的主要通道。所谓“广州通海夷道”，这大概是“海上丝绸之路”的最早叫法。

东汉时期的文献还记载了与古罗马帝国第一次的贸易往来：东汉航船已使用风帆，中国商人由海路到达广州进行贸易，运送丝绸、瓷器，经海路由马六甲经苏门答腊来到印度，并且采购香料、染料运回中国，印度商人再把丝绸、瓷器或经红海运往埃及或经波斯湾进入两河流域等地。

这标志着横贯亚、非、欧三大洲的，真正意义的“海上丝绸之路”的形成。从广东番禺、徐闻，广西合浦等港口启航，经南海西行，与从地中海、波斯湾、印度洋沿海港口出发往东航行的海上航线，就在印度洋上相遇并实现了对接。广东成为“海上丝绸之路”的始发地。

另据《汉书·地理志》的记载，汉代中国人开辟了一条从广州出发，经由西沙群岛海域直达越南中部的新航线。在长期的航行实践中，他们相继发现了许多露出海面的岛屿、沙洲和隐伏水下的暗礁、暗滩、暗沙，留下了不少有关南海诸岛的生动记载。成书于公元1世纪由东汉杨孚所著的《异物志》，即有“涨海崎头，水浅而多磁石”的记载。

【唐、宋先民在甘泉岛留下的居住遗址】

甘泉岛，位于西沙群岛永乐环礁上，在珊瑚岛西南2海里处，渔民称“圆峙”、“圆岛”，因岛上有甘泉井水而著名。清朝末年（1909），广东水师提督李准巡海时，发现此岛中部低地有两口淡水井，其泉水甘甜可饮用，即称：“已得淡水，食之甚甘，掘地不过丈余耳，余尝之，果甚甘美，即以名甘泉岛，勒石坚桅，挂旗为纪念焉。”甘泉岛因此得名，是西沙群岛中唯一有淡水井的岛屿。也正因这一甘泉，甘泉岛在南海诸岛中最为著名。

1974年3月，驻守在西沙群岛的解放军战士在甘泉岛的西北部挖出7件唐宋瓷片，由此揭开了甘泉岛的神秘面纱。此后，海南省考古队在此基础上原地开挖，发掘出土37件瓷片，其中有宋代青釉四系罐的口沿、青白瓷粉盒、划花平底碗，同时还发现了一片铁锅的口沿。

考古专家在甘泉岛的西北部又发现了我国唐宋时期渔民建造的砖墙小庙1座，珊瑚石垒砌的小庙多达13座；出土了50多件日常生活用的陶瓷器，其中有唐代青釉陶双耳罐、卷沿罐，宋代青白釉瓶、四系小罐、青釉碗、划花大碗、莲花纹大碗、突唇碗、粉盒等瓷器皿。经查证，其质地、款式和花色与先前广州西村皇帝岗晚唐至北宋窑址出土的相仿。另外还出土了铁刀、铁凿等生产工具，收集到几件唐代炊具铁锅残片，几枚宋、明代铜币等遗物。

图4—2 海岛风光

由此，考古专家推断：最早利用甘泉岛上淡水的是唐代的先民，使用这些器物的主人也是西沙群岛最早的居民，他们或许就是广东地区迁去的移民。

图4—3 西沙群岛

先民选择在这里居住，是有一定原因的。从甘泉岛的地形、地势来看，岛中间部分较低平，四周为隆起的沙堤环绕，这对减缓季风的侵袭能起到一定的作用。更重要的是，该岛地下蕴藏有可饮用的淡水。唐宋时期，登上甘泉岛的中国渔民所以才选择在该岛上居住生活。

1994年，甘泉岛唐宋居住遗址被海南省人民政府确定为第一批省级文物保护单位。1996年，考古人员在西沙文物普查时，在遗址旁立“西沙甘泉岛唐宋遗址”石碑，这是我国在南海竖立的第一块文物保护碑。2006年，甘泉岛唐宋遗址由国务院公布为第六批全国重点文物保护单位，这是目前位于我国最南端的全国重点文物保护单位。

【为什么只有海南渔民闯南沙】

在近代西方人的书刊中，能找到许多海南渔民在南沙群岛海域捕鱼和生活的记载。总之，南沙群岛上过去只有中国海南的渔民在此生活。为什么只有海南渔民远涉重洋，不惧惊涛骇浪而独闯南沙呢?

在闯南沙的渔民中，以海南岛琼海市所属潭门镇的渔民为主。原来，潭门镇渔民的捕鱼方式与周边地区的渔民有很大的不同，即作业方式不同。潭门镇的渔民不用网捕鱼，而是潜入水下用手去捉石斑鱼和捞海参、鲍鱼等名贵海珍。他们要捕捞的这些海珍品，不在近海地区，而是来自远海的珊瑚礁和在环礁围成的潟湖中。正是这种独特的捕鱼作业方式，决定了潭门镇渔民要到南沙群岛去，因为那里的珊瑚礁、暗沙、环礁、潟湖，才是他们的用武之地。

南沙群岛是中国的，是我们的祖先最先发现了南沙群岛。这样的记载在典籍中处处可见。最能证明西沙、南沙群岛属于中国的证据，则是中国海南的渔民——潭门镇渔民独特的渔业作业方式和他们在南沙的生产生活。

潭门镇的渔民到南沙去捞海参、拾海贝，这种独特的渔业作业方式的产生也许出于偶然。南海盛行季风，每年冬季10月至来年2月，为东北季风劲吹的季节。这时海南的渔民出海，很容易被季风吹到南沙群岛。原本生死未卜的船难，往往变成意想不到的奇遇，也使渔民们在岛上练就了一套新的渔业生产的本领。大自然也很帮忙，南海的季风冬天把他们吹去，夏天把他们带回。

长此以往，传统就形成了。传统的力量是强大的，代代相传，绵延不绝。在这个过程中，渔民们给南沙的岛屿、暗沙、沙洲都一一命名。远隔千里航行的导航需要，乘着季风往来的不确定性，都迫使他们制定详细的路线图。在渔民间产

图4—4 南海捕鱼

生了一份在南沙捕捞作业的路线图，那就是《更路簿》。

至此，在南沙群岛生存下去的一切因素，如传统、航海技术、造船技术、产品市场等，都为海南潭门镇的渔民准备好了。他们不去南沙谁去？周边国家的渔民都不具备这些条件。

【古代中国渔民的航海指南《更路簿》】

下南海的渔民，只要谈及在茫茫大海上的航行与生存问题，都离不开一个字，就是“更”。除此之外，还有神奇的航海秘图《更路簿》。

“更”，原本是古代汉语中的时间单位。航海时，一般行驶60里海路为一更，因此，“更”也是我国古代渔民计算航程的单位。“路”指航行针路，即航向。《更路簿》实为我国古代沿海渔民自编自用的航海“秘本”，或是一种记录航海知识的手抄本，它是每位船长必备的航海图。

图4—5 航海路线图

现存《更路簿》最早手抄本出于明代，详细记录了西沙群岛、中沙群岛中岛礁的名称、位置、航行针位（航向）和更数距离。西沙、南沙群岛地名多以“更”、“路”的形式记载于《更路簿》中。针位用中国古代发明的罗盘测定，即把罗盘圆周分成24等份，用四维、八干、十二支来表示24个方位。每条更路均包括起讫地点、针路和更数。

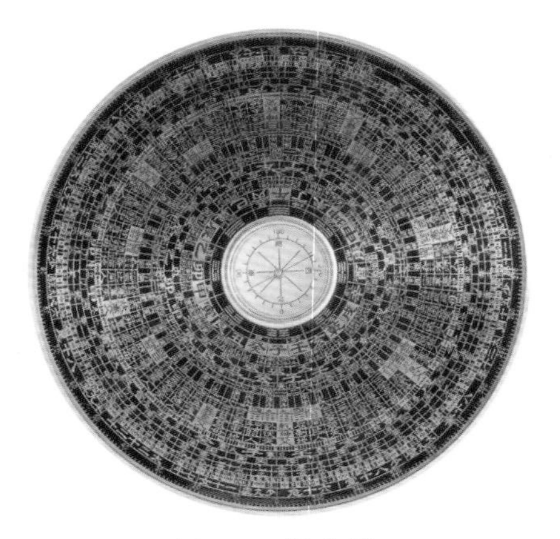
图4–6 指南针

“自大潭过东海，用乾巽使到十二更……”这是《更路簿》中的一句话，除非行家里手，一般人根本看不明白。“大潭”指琼海潭门港，“东海”即西沙海域，“乾巽”是航行角度，“更”指路程。简短一句话，清楚地标示了出发地、目的地、航向以及航程。

渔民们在航行途中辨别方向和海流的办法很古老。凭借自己风里来、浪里去的亲身经历，一代代船长口口相传，笔笔记录，将航海技术、路线水流、岛屿暗礁分类整理，添加到《更路簿》里。充满智慧结晶的《更路簿》在渔民手里不断完善和修改，成为一本出海实用手册。

南海航道的《更路簿》，详细记录了西沙、南沙群岛的岛礁名称、特征和准确位置，以及起航线、岛礁地貌和海浪、潮汐、风向、风暴等水文气象信息。《更路簿》中还记录了我国南海诸岛各海域主要的物产，描述生动翔实，是重要的历史文献。

一个罗盘加一本《更路簿》，让中国渔民在没有航海地图和卫星定位系统的年代，顺利前往南海作业、交易，也为证明南海诸岛自古以来属中国领土，提供了有力的证据。

【中国南海渔民聚居地：赵述岛】

没有淡水，没有电，没有航班和补给，这就是过去西沙群岛中一个与世隔绝的小岛——赵述岛。但是去过赵述岛的人，绝不会反对说这里就是传说中的仙境。从永兴岛坐上一条小渔船，往北偏西的方向航行大约8海里，穿越两个深约千米的海沟，就可到达这个面积只有0.22平方千米的小岛。

赵述岛是七连屿中最重要的小岛。而七连屿，则得名于渔民们的形象描述：西沙群岛中的这七座岛礁紧密相连，相隔很近，犹如珍珠一般串在一起。与大陆不同，也与永兴岛这样的大岛不同，赵述岛实在太小，这就意味着，它的每一个角落都可以同时出现在你的视野之内。

在组成西沙群岛的岛礁中，赵述岛是渔民的天堂，候鸟般定期迁徙的渔民，也是这里真正的主人。

早在宋朝，海南琼海潭门镇墨香村的渔民偶然发现了这个小岛，还有大面积的环岛珊瑚礁，这里就此成了重要的渔业基地。每年春天，渔民们从海南岛来到这里，在赵述岛的礁盘上打鱼，然后在岛上晒鱼干，秋天的时候再带回海南。后来的变化是，渔民们除了可以把鱼晒成鱼干以外，还可以把鲜鱼卖给在该海域来回游弋的收购船，同时从收购船上获得一些淡水和

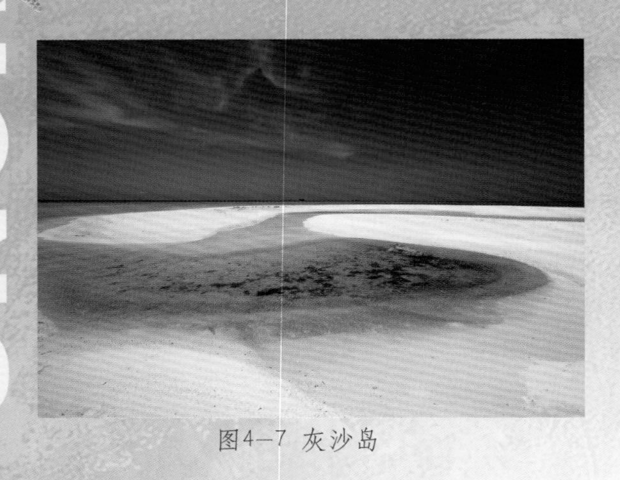
图4–7 灰沙岛

食品。三沙设市后，岛上的水、电问题都已得到解决。

2007年10月，赵述岛上成立了村委会，并由岛上60多户、200多名渔民选举产生了村委会主任。渔民们用木板、石头和毛毡，在赵述岛上搭建了一些简易的窝棚，这就是当年他们临时的家。

现在情况发生了很大变化，于2014年11月开工的赵述岛居民定居点工程首批27套居民楼建设进展顺利。2016年春节，60多人一起在岛上开心过大年。

三沙设市后，市委市政府着力于改变岛上渔民生活环境，促进渔民转产转业，提升渔民的幸福指数。如今，这个小岛面貌一新，处处焕发勃勃生机。

【揭秘西沙宋代沉船，还原“海上丝路”】

800多年前的南宋时期，一艘满载陶瓷、丝绸、香料的中国商船，航行在海上丝绸之路上，不幸碰到强劲的东北季风，在距离海南岛180多海里的西沙永乐群岛南部华光礁触礁沉没，1996年被海南渔民潜水捕鱼时发现，被考古专家命名为“西沙华光礁1号沉船”。

2007年3月，国家博物馆水下考古学研究中心组织全国水下考古力量，对“西沙华光礁1号沉船”遗址进行第一阶段的发掘，出水瓷器近万件。这批瓷器中，以青白瓷器数量最多，兼有青瓷器、酱褐釉器，包括碗、碟、瓶、盘、壶、罐、瓮、粉盒等。有一件瓷器底部清晰地标明“壬午载”干支纪年，结合出水瓷器的断代，可知为南宋高宗时期的古船。

2008年12月27日，经过45天的水下考古工作，中国西沙水下考古队成功将“西沙华光礁1号沉船”水下拆解为511块船板，并全部发掘出水。这是我国第一次在远海对一处古沉船遗址进行完整发掘清理，也是我国水下考古从近海走向远海的一个重要标志，填补了中国水下考古领域的一个空白。

南海是“海上丝绸之路”的必经航道，联结了亚、欧、非三大洲文明，承载了东方海洋文明史。中国古代船舶在沿大陆边缘的“内沟”航线和沿西沙、中沙、南沙群岛航行的“外沟”航线上，遗留下大量中国历朝历代的文化遗产。这些水下遗存既是中国悠久文明的历史见证，也是中国人最早到达、最先开发南海诸岛的历史见证。

而人们对“海上丝绸之路”的研究，无疑就是从沉船、港口入手，分析船货、船体，进而推断造船史、航海技术、对外贸易史等，由此还原历史原貌。纵观海上丝绸之路沿岸国家的文物遗存，可以清晰地勾勒出“华光礁1号”古船的贸易航线——从中国福建泉州港出发，经传统的南海“外沟”航线，驶向东南亚地区的国家或更远的目的地。

从“西沙华光礁1号沉船”打捞出的文物，绝大部分是南宋时期闽南泉州一带的民窑制品，可见这是为适应当时东南亚地区对民生日用品的市场需求。它告诉世人，800多年前，中国的先民、木船、瓷器等，已在西沙群岛留下了印迹。

【中国海洋科学家的足迹遍布南海】

1973年起，中国科学院南海海洋研究所对西沙群岛、中沙群岛及其邻近海域进行了多次综合调查。至1978年，在该海域以“实验”系列海洋调查船为主，共进行了11个航次的综合考察，航程共3万多海里。

1983年11月～1984年10月间，地质矿产部海洋地质研究所在琛航岛、永兴岛、石岛施钻3口井，最大孔深802.17米，其研究成果集中反映在《西沙生物礁碳酸盐沉积地质学研究》专著中。

1984年～1986年，“实验3”号调查船在南沙群岛海区进行了3个航次的海洋科学综合考察，历时140多天，航程1.2万千米，采样观测站167个，并对曾母暗沙海区开展了专题考察，取得大量海洋学科的第一手资料，编写出30多份考察研究报告。

1987年～1990年，由中国科学院开展为期5年的南沙群岛及其邻近海区综合科学考察。这次南沙考察规模宏大，全国近30个单位的300多名科技人员参加了联合考察研究，进行了9个航次的海上考察，总航

图4—8 西沙风光

程达5万千米，登礁28座，考察40多次，建立考察标志和主权碑19座。

科技人员通过对“南沙岛礁、水道调查”、“南沙油气资源调查”、“南沙生物资源与生态调查”、“南沙海洋环境调查”4个课题进行研究，完成研究论文近500篇，编写成果报告11册，出版专著6部。这次考察取得了重要进展，对南沙群岛海区的资源、生态和环境等提出了一些重要见解和理论。《人民日报》记者进行了长期跟踪报道。

2012年以来，中国水产科学研究院南海水产研究所对南沙群岛及整个南海外海进行了持续的调查研究，调查结果表明，南沙渔业资源现存量为200多万吨，夏季高达260多万吨。

多年来，中国海洋学家对西沙、中沙、南沙群岛的科学考察可谓海陆并举，涉及海洋学、第四纪地质学、工程地质学、地貌学、生物学、土壤学和地理学等学科，成果甚多。其中，西沙群岛已成为观察当今“全球环境变化”科学问题的一个窗口，也是开拓生物地学研究领域的一个重要场地。

图4—9 走进南海

【南沙第一礁建立海洋观测站】

南海永暑礁，现在被誉为“南沙第一礁”。在1987年我国科考队进入南沙群岛考察的时候，发现永暑礁是南沙群岛几百个岛礁沙洲中的一个不大的独立礁盘，高潮时，露出海面的礁石面积不足4平方米。

1987年2月，联合国教科文组织政府间海洋学委员会第14届年会讨论了开展全球海平面联合测量的问题，要求中国建立5个海洋观测站，在南沙、西沙各建一个，最终选定的岛礁要符合联合国对该海域所获水文气

象资料的代表性要求。同年，国家海洋局44人勘察工作组，搭乘“向阳红五号”调查船赴南沙群岛海域，进行海洋站选点勘察。经过23天高温酷暑的海上作业，工作组顺利完成了对永暑礁、华阳礁、六门礁等岛礁的地形、地质、水文、气象、化学、生物等调查，最后选定永暑礁作为建站地点。

永暑礁建站的艰巨任务落在南海舰队某工程部队官兵身上。顶着8级大风和数米高的巨浪，冒着50℃的高温和时常来袭的强对流天气，400多名建设者经过180多个日夜的奋战，终于在1988年8月2日，用忠诚与意志在永暑礁上筑起了南沙海洋观测站——一座面积1000多平方米的两层楼房，被编为全球海平面联测网第74号站。这是我国最南端的海洋气象观测站，也是我国第一个国际性海洋气象观测站，填补了我国和联合国教科文组织对这一海区环境监测的空白。

作为联合国教科文组织对世界海平面进行联测中的一个永久性重要海洋气象观测站点，南沙海洋站自建成以来，一直肩负着中国南海边陲海洋气象观测的重任，承担着南沙海域水温、潮位、波浪、海水盐度、海发光、风向、风速、气压、气温、湿度、能见度、降雨量等近20个水文气象要素的观测任务，为海洋灾害预警报、海洋天气预报、热带海洋环境研究、海平面变化监测与研究等提供了可靠资料。

建站以来，在一代代海洋人的坚守下，永暑礁海洋观测站取得南沙海区水文气象观测数据超过500万条，为过往南海的中外船只提供了可靠的航海水文气象保障，为国际减灾和海洋气象预报研究做出重要贡献，在促进世界各国和平利用海洋资源方面发挥了积极作用。

南沙永暑礁建站成为中华人民共和国成立60周年十大海洋事件之一。

【建设“蓝色牧场”，保护水产种质资源】

2013年6月27日，三沙市成立后首个实施的重大科研项目——中沙群岛漫步暗沙海洋渔业资源增养殖科研基地举行建站仪式。该基地占海面积625公顷，将重点研究海洋生物资源的生态环境修复、种类种群增养殖、资源恢复与增量等重大课题，目标是长期保持三沙海域海洋生物资源的生态平衡。

当天，海南省水产研究所的专家投放了基地标牌浮筒，同时采用水下拍摄、设点采集样本、观察记录、水质测量分析等方式，进行气象水文、地形地貌、底质、海洋生物等本底调查。

漫步暗沙，位于中沙群岛中沙大环礁潟湖内中部，长3千米，宽2.5千米。整个暗沙全部在海面以下，最浅处水深约9米，等深线20米以上面积约2平方千米，是整个中沙群岛中最浅的暗沙，较适合底播资源增殖。为了增养殖中沙群岛渔业资源，海南省当天还投放了石斑鱼苗2万尾、马氏珍珠贝2万粒、企鹅珍珠贝2万粒、琼枝麒麟菜2万株。

中沙群岛是海南省三沙市重要的渔业开发生产基地。该海域礁滩众多，为优质水产品种的索饵、繁育、避害等活动提供良好的环境条件，是人工增殖放流优质水产品种的理想投放区域。

例如，方斑东风螺人工育苗的亲本来源，主要依赖于捕捞野生的亲螺，但由于过度捕捞，导致野生亲螺资源日益衰退，其他贝类也有类似情况。因此，可通过在该区域投放大量的经济贝类品种种苗，使其在该海域自然生长和繁殖，为海南省今后贝类种苗生产提供源源不断的亲本。

在中沙群岛海域实施大型藻类底播养殖试验意义重大，既能利用中沙群岛特殊的海域优势（污染少和海水上升流带来的营养盐）来保护海南省经济藻类物种，又能增加中沙海域的种群数量，保护海洋生物资源环境。

中沙建立渔业资源增养殖科研基地的“蓝色牧场”，能更好地保护三沙水产种质资源，促进南海渔业可持续开发，对海洋科学研究提供科技支撑，有利于捍卫国家的领海主权。

第五章 中国的三沙

从南沙、西沙各岛到海南岛、台湾、澎湖列岛、舟山群岛形成的弧形岛环，构成了保卫中国大陆的一道长城。

【设立三沙市】

中华人民共和国成立后，经国务院批准，广东省海南行政区于1959年3月在西沙群岛的永兴岛上设立了“中共广东省西、南、中沙群岛工作委员会”和“广东省西、南、中沙群岛办事处”。1988年4月13日，全国人大七届一次会议决定成立海南省，授权管辖西、南、中沙群岛及其海域。于是，中共海南省西、南、中沙群岛工作委员会和海南省西、南、中沙群岛办事处，就成为该区域的党政管理机构。

图5—1 南海风光

2012年6月21日，民政部发布《关于国务院批准设立地级三沙市的公告》，设立地级三沙市，管辖西沙群岛、中沙群岛、南沙群岛的岛礁及其海域。这是中国地理纬度位置最南端的城市。三沙市管辖岛屿面积约13平方千米，海域面积约260多万平方千米，是中国陆地面积最小、海域面积最大、人口最少的城市。

图5-2 西沙风光

2012年7月24日，海南省三沙市人民政府在永兴岛正式成立。设立地级三沙市，管辖西沙群岛、中沙群岛、南沙群岛的岛礁及其海域。三沙市人民政府驻西沙永兴岛。

《国务院关于同意海南省设立地级三沙市的批复》要求，三沙市应把维护国家主权和安全放在突出位置，在各项建设中认真贯彻国防需求，军民兼顾、平战结合，实现国防建设与经济建设协调发展。

几年来，三沙市加强“主权三沙”建设，选举人大代表，建立基层组织，户籍、人口管理也步入正常轨道。在三沙市成立后，更多的人登上这座充满神奇色彩的海上城市，记录下这座年轻城市的新面貌。如果乘飞机从空中俯瞰整个西沙群岛，那一座座岛屿、礁盘和沙洲，就像漂浮在湛蓝波涛上的朵朵睡莲，美轮美奂，让人如临仙境。

【三沙市首府——永兴岛】

图5-3 永兴岛

永兴岛，面积约2.8平方千米，是西沙群岛中最大的岛屿。因岛上林木茂盛，原称“林岛”。

永兴岛中部为干涸潟湖，挖有多口水井。岛上植物种类繁多，野生的有148种，占西沙群岛野生植物总数的89%。岛的北、东、南三面林木遍布，抗风桐林密树高，遮天蔽日。我国渔民种植的椰子树，已绿树成荫，结果满枝；栽种的20多种蔬菜、瓜果和杂粮长年供应不断。

永兴岛处于西沙群岛的中部，地理位置优越，加上它所处的礁盘较小，便于船只驶近和登陆，西南方礁盘最窄，风浪亦小，是兴建码头的良好地点；岛的四周又有良好锚地，便于船只停泊。所以，永兴岛向来为我国渔民活动的基地。中华人民共和国成立后，党和政府很重视对西沙群岛的开发和建设。岛上人民发扬“自力更生、艰苦奋斗”的精神，在绿荫丛中建起了一幢幢崭新的楼房，岛上到处呈现一片欣欣向荣的景象。

自三沙市成立以来，永兴岛上的面貌发生了巨大变化。修建了环岛公路，行政办公楼、邮电局、银行、商店、图书馆、宾馆、广播电视台、气象台、海洋站、水产站、医院、无土蔬菜大棚和休闲文化广场等生产和生活设施，移动通信信号已经覆盖整个西沙群岛。岛上还建有2400米长跑道，可起降波音737客机的机场，以及三座可停靠5000吨级船只的码头。

【海上花园——守礁官兵创造新南沙】

南沙这些年来发生了翻天覆地的变化不靠天，不靠地，靠的是守礁官兵一点一滴的创造。

以前礁堡上生活空间狭小，一出门就是大海，官兵们开玩笑说，出门只能走六步，第七步就要掉海里去了。近年来，各礁盘陆续修建起了几百平方米的多功能平台，守礁官兵的活动空间一下子扩大了。大家又创造性地利用平台设计了雨水收集系统。在南沙雨季，现在只要下一个小时暴雨，通过多功能平台接蓄的雨水，就足够守礁官兵一个月的生活用水了。

生命需要绿色，绿色来自战士的双手。除了永暑礁上的“三防菜地”之外，在其他面积小一点的礁盘上，战士们也利用无土栽培技术，种起了空心菜、小白菜等水培蔬菜。和陆地蔬菜相比，这种水培蔬菜口感略显苦涩。但对常年远离大陆、不见绿色蔬菜的战士们来说，已经是一种难得的享受了。

图5—4 守礁船只

各礁都有饮食文化：渚碧礁的腰带面那么宽，面条很有嚼劲；永暑礁的葱花卷像水晶饺子一样；华阳礁的粗油条香脆可口；赤瓜礁的大水饺，比耳朵还大。丰富的饮食，都是官兵们发明创造的。

在南沙，一代代官兵们创造的礁堡文化，已经成为南沙守备部队一张靓丽的名片。在南沙，官兵们不仅创造了“礁联”、“礁歌”，创造了丰富的“餐厅文化”、“菜园文化”，还有以南沙特有的海螺、贝壳为材

图5—5 西沙风光

料制作各类工艺品的螺贝文化。自从有了守礁官兵，古老的南沙礁盘增添了一份浓浓的文化色彩。

在南沙东门礁上，施工结束后有了一小块空地，官兵们用从大海里捞上来的五彩斑斓的贝壳、珊瑚堆积在这里做成盆景，给它起了个美好的名字“海上花园”。它成为东门礁特有的标志物，也是官兵们休闲时最喜欢欣赏的一道风景。东门礁上官兵们自己创编的对联是这么写的：上联“保国门、卫东门，国门东门保卫靠我们”；下联“驻后方、守前方，后方前方驻守为国防。”

“海上花园”是东门礁上的风景，一座座各具特色、生机勃勃的礁堡，则在官兵们手中成为南沙的风景线。每个礁上的守备官兵都在尽情发挥自己的聪明才智，动手建设美好家园。

在古老的南沙面前，守礁官兵是守卫者，更是拓荒者。他们用智慧、心血和汗水，为国家换来了一方平安，更让古老的南沙旧貌换新颜。

【 南沙主权碑的故事 】

中国领土的最南端——曾母暗沙的主礁曾母礁丘，在海面以下约17米深处。在这片海底珊瑚礁上，静卧着多块年代不一的石碑，有的早已和珊瑚礁浑然一体，但它们都有同一个名字——“中国”。这就是我国多次在此投放的主权碑。

1990年，一次代号为“南字901”的任务交给了国家海洋局南海分局。3月15日，国家海洋局局长严宏谟率队，集结了国家海洋局、国家测绘局和国家地震局等单位科考人员的考察队，乘“向阳红5号”船从广州起航，一路向南。3月26日22时抵达曾母暗沙，全体考察队员整齐地聚集到前甲板，严宏谟主持了投碑仪式。考察碑用水泥浇筑，外封塑料壳，上面写着“中华人民共和国国家海洋局南沙群岛科学考察碑”。严宏谟和几位年轻的考察队员将考察碑投入了曾母暗沙水下。这次考察在全世界范围内引起了很大反响。

1992年1月，海南省组成以省政府主要领导和当地驻军首长率领的巡视慰问团，再次搭乘“向阳红5号”船赴南沙群岛巡航。这次巡航宣示主权，慰问驻礁人员，并在曾母暗沙投放了多块主权碑。

2010年4月，全国沿海省市海洋厅（局）长参加了南海分局派出的“中国海监83”船、“中国海监81”船编队，观摩定期维权巡航执法。此行巡航抵达曾母暗沙时，再一次组织了投放主权碑的仪式。4月20日清晨6时，“中国海监83”船前甲板是这次投碑仪式的会场，花岗岩打造的主权碑上，“中国”两个大字格外夺目，它披挂着大红绸缎矗立在甲板上。

大家举起右拳庄严宣誓：“捍卫祖国海洋权益，为海洋事业贡献力量。”7时整，“中国海监81”船、“中国海监83”船共同拉响了汽笛，国歌响起，中国海监队员，抬着沉甸甸的石碑，在两位队员的护卫下，走向甲板左舷，将石碑投入海中。

2012年，时任国家海洋局局长刘赐贵和中央部委有关单位领导，共赴南沙调研，在曾母暗沙举行了主权碑投放仪式，投放了一块镌刻有“曾母暗沙”字样的花岗岩主权碑。

茫茫大海，石碑入水，激起的水花只在一瞬间，却在人们心中激起强烈的海权意识。一个国家主权立场的表达，也因此在青史上得以铭刻。坚石无言，默默镇守在祖国的南疆，无声地表达着一个国家、一个民族坚定的意志。

图5–6 主权碑

【“三沙市地名碑”成永兴岛新景观】

以往大家到了永兴岛，一定会到岛上的中国南海诸岛工程纪念碑、海军收复西沙群岛纪念碑、将军林等地留影纪念。三沙市挂牌成立后，具有非凡意义的“三沙市地名碑”成了大家新的向往。

2012年7月24日上午，在西沙永兴岛原海南省西、南、中沙办事处大楼前广场上，海南省三沙市成立大会暨揭牌仪式隆重举行。该碑巍然屹立于永兴岛西渔码头，由海南省政府为纪念三沙市成立而设。三沙市多了一处极具纪念意义的景观。

该碑碑体是一块重68吨，长6.0米、宽1.3米、高5.5米的长方体，石质致密润泽，浑厚巍峨，形似飘扬的旗帜。制碑石材选用了海南本地出产的历史名石——黄蜡石。石碑正面，右边写着“中华人民共和国海南省三沙市”，左边写着“公元二〇一二年六月国务院批准设立”，中间是一幅包括三沙市在内的南海诸岛图。石碑的背面，是《三沙设市记》碑文。

石碑正面的三沙市管辖的南海诸岛地图，由海南省测绘地理信息局的专家，根据国家正式出版的南海诸岛标准地图放大提供。地图上的处理非常讲究，石刻忠实于标准地图，国名地名岛礁标注规范，可清晰地看到南海上的九段线，所有的海岸线都采用阴刻法，使岛屿凸出。

石碑背面的《三沙设市记》是石碑内容的重中之重。最初草拟了白话文和文言文两套碑文初稿，后确定采用浅近文言文体。碑文内容经数次修改，最终敲定了这篇169字的《三沙设市记》。从秦汉到唐宋，从元明清到中华人民共和国，我国对南海的数千年建制沿革，以及官方与民间在南海的活动等，都浓缩在这短短的169字中。

如今，这块承载了厚重历史意义的三沙市地名碑，巍然屹立于三沙市永兴岛西渔码头。每一位上岛的人，都将在踏上永兴岛那一刻，目睹三沙市地名碑的风采。三沙市地名碑不仅宣示着主权，也象征着三沙市对外开放的姿态，给上岛的人们留下深刻的印象。

【美丽三沙　幸福三沙】

从成立的那一天起，三沙市的一点一滴，都吸引着世界的目光。第一个基层政权组织成立、第一张居民身份证发放、第一个污水处理设施建成……

走在永兴岛、赵述岛、晋卿岛等岛礁，但见椰子树、木麻黄、羊角桐随风摇曳，令人心旷神怡。三沙人“绿化宝岛”，在鸭公岛、赵述岛等岛植树超过3500棵。一行行、一列列，筑起汪洋大海中的一片绿洲。为维护生物多样性，三沙市开展了4次渔业增殖放流活动。三沙的天更蓝、海更清、岛更绿了。

2013年，三沙建市后首个环保项目——永兴岛污水处理一期工程建成使用，两个小型污水处理厂日处理污水90吨。污水处理二期工程，将建设日处理量1800吨的大型污水处理设备，出水水质可达到中水回用标准。

2014年1月2日，鸭公岛的海水淡化装置生产出第一碗“海水淡化”水。这样一个日产15吨淡化水的装置，在大陆可能是小得不能再小的工程，但对于岛礁居民来说，却是一件欢天喜地的大事。

三沙的变化，最大在民生。西沙各岛礁实现太阳能发电全覆盖。水、电改善之后，多数渔民有了冰箱，可以把鱼冷冻存储卖个好价钱；广播电视基本村村通、户户通，渔民可以看电视、听广播，还增添了一些基本娱乐设施。2015年7月25日，永兴岛首批渔民定居点一期3栋住宅楼竣工，内外装饰一新，三沙渔民住上了“海岛别墅”。2015年12月，三沙市永兴学校建成投入使用，结束了三沙无校历史。

2014年4月28号，三沙特色游正式开通，游客乘“椰香公主”号邮轮从三亚首赴西沙旅游观光。2016年3月，可载300游客，设施更完善舒适的“北部湾之星”邮轮接替“椰香公主”号驶向西沙群岛海域，美丽的全富岛、迷人的鸭公岛和原生态的银屿岛，带给人们全新的旅游体验。

北京路是永兴岛上最“繁华”的大街，虽然只有百余米长，却依次有超市、医院、银行、邮政、电信等公共服务部门和几家美食店。烈日骄阳下，北京路显得格外安静；然而漫天星光点亮时，人们三五成群，结伴来到美食店前，或点杯冷饮，或喝瓶啤酒，再选上几种小吃、几样干果，闲话生活、畅聊人生。这就是三沙人对幸福的形象表达。

永兴岛上有被誉为“最可爱”的一群人——西沙水警区某部官兵；有被称为“最辛劳”的一群人——城市建设者；还有“最能见证主权”的一群人——岛上渔民，他们祖祖辈辈生活在这里，血脉相传。所有人的心中都有一个共同的目标，那就是建设“主权三沙、美丽三沙、幸福三沙”！

参考文献

[1] 曾昭璇、吴郁文、刘南威.美丽富饶的南海诸岛[M].商务印书馆，1981年版.

[2] 叶春生、许和达.南海诸岛的传说[M].中国民间文艺出版社，1984年版.

[3] 司徒尚纪.中国南海海洋国土[M].广东经济出版社，2007年版.

[4] 麦贤杰主编.中国南海海洋渔业[M].广东经济出版社，2007年版.

[5] 司徒尚纪.中国南海海洋文化[M].中山大学出版社，2009年版.

[6] 夏章英主编.南沙群岛渔业史[M].海洋出版社，2011年版.

[7] 广东省地名委员会. 南海诸岛地名资料汇编[G].1987年版.

[8] 刘南威. 中国南海诸岛地名论稿[M].科学出版社，1996年版.

[9] 韩振华. 南海诸岛史地研究[M].社会科学文献出版社，1996年版.

[10] 李金明. 中国南海疆域研究[M].福建人民出版社，1999年版.

[11] 张良福. 让历史告诉未来——中国管辖南海诸岛百年纪实[M].海洋出版社，2011年版.

[12] 赵焕庭. 接收南沙群岛—卓振雄和麦蕴瑜论著集[M].海洋出版社，2012年版.

[13] 吕一燃. 南海诸岛：地理、历史、主权[M].黑龙江教育出版社，2014年版.

[14] 吴士存. 南海问题面面观(修订版)[M].时事出版社, 2011年版.
[15] 张良福. 聚焦中国海疆[M].海洋出版社, 2013年版.
[16] 斯雄. 南沙探秘[M].人民日报出版社, 2012年版.
[17] 吴士存. 南沙争端的起源与发展(修订版)[M].中国经济出版社, 2013年版.
[18] 李国强. 中国三沙市[M].人民出版社, 2013年版.
[19] 朱千华. 三沙人文地理[M].中国林业出版社, 2014年版.
[20] 寒冬. 南海史话[M].广西师范大学出版社, 2011年版.
[21] 杜伟. 南海传说[M].广西师范大学出版社, 2011年版.
[22] 郝思德. 南海考古[M].广西师范大学出版社, 2011年版.
[23] 毕华等. 南海地理[M].广西师范大学出版社, 2011年版.
[24] 赵从举、韩奇. 南海资源[M].广西师范大学出版社, 2011年版.
[25] 赵全鹏. 南海渔家[M].广西师范大学出版社, 2011年版.
[26] 詹贤武等. 南海民俗[M].广西师范大学出版社, 2011年版.

图书在版编目（CIP）数据

走进南海 ：青少年南海知识读本 / 王小波编著. -- 杭州 ：浙江教育出版社，2016.7（2017.8重印）

ISBN 978-7-5536-4468-4

Ⅰ. ①走… Ⅱ. ①王… Ⅲ. ①南海－青少年读物 Ⅳ. ①P722.7-49

中国版本图书馆CIP数据核字(2016)第095750号

走进南海——青少年南海知识读本

ZOUJIN NANHAI QINGSHAONIAN NANHAI ZHISHI DUBEN

王小波 编 著

出版发行 浙江教育出版社

（杭州市天目山路40号 邮编：310013）

特约审稿 王志坚

责任编辑 张 帆

美术编辑 曾国兴

责任校对 陈云霞

责任印务 陆 江

装帧设计 米家文化

印 刷 浙江新华数码印务有限公司

开 本 720mm×965mm 1/16

成品尺寸 170mm×230mm

印 张 8

字 数 160 000

版 次 2016年7月第1版

印 次 2017年8月第4次印刷

标准书号 ISBN 978-7-5536-4468-4

定 价 36.00元

联系电话 0571-85170300-80928

网 址 www.zjeph.com